Naturwissenschaftliche Elementarbücher.

1. **Chemie** von H. E. Roscoe, Mitglied der königlichen Gesellschaft in London. Deutsche Ausgabe, besorgt von F. Rose, Prof. der Chemie an der Universität Straßburg. Mit 36 Abbild. und einem Anhang von Fragen und Aufgaben. 7. Auflage. Gebunden 80 Pfg.
2. **Physik** von Balfour Stewart, Professor der Physik in Manchester. Deutsche Ausgabe, besorgt von E. Warburg, Professor der Physik an der Universität Berlin. Mit 48 Abbildungen und einem Anhang von Fragen und Aufgaben. 5. verbesserte Auflage. Gebunden 80 Pfg.
3. **Astronomie** von Norman Lockyer, Mitglied der königlichen Gesellschaft in London. Deutsche Ausgabe, besorgt von A. Winnecke. Durchgesehen von E. Becker, Professor und Direktor der Kais. Univ.-Sternwarte zu Straßburg. Mit 47 Abbildungen. 6. unveränderte Auflage. Geb. 80 Pfg.
4. **Physikalische Geographie** von A. Geikie, Prof. der Geologie an der Universität Edinburgh. Deutsche Ausgabe, besorgt von Oskar Schmidt, weiland Prof. an der Universität Straßburg. Nach der neuesten englischen Ausgabe bearbeitet von Georg Gerland, Prof. d. Geographie an der Universität Straßburg. 5. Auflage. Mit 21 Abbild. und einem Anhang von Fragen und Aufgaben. Gebunden 80 Pfg.
5. **Geologie** von A. Geikie. Deutsche Ausgabe, besorgt von Oskar Schmidt. Mit 47 Abbildungen und einem Anhang von Fragen und Aufgaben. 6. Auflage. Gebunden 80 Pfg.

6. 7. **Tierkunde** von A. Goette, Prof. d. Zoologie an der Universität Straßburg. Mit 65 Abbildungen. 2. durchgesehene Auflage. Gebunden M. 1.60.

8. **Botanik** von A. de Bary, weiland Prof. an der Universität Straßburg. Neu herausgegeben von H. Graf zu Solms-Laubach, Prof. an der Universität Straßburg. Mit 43 Abbild. 5. unveränderte Auflage. Gebunden 80 Pfg.
9. **Mineralogie** von Karl F. Peters, Prof. der Mineralogie und Geologie an der Universität Graz. Mit 46 Abbild. Durchgesehen von H. Bücking, Prof. der Mineralogie an der Universität Straßburg. 4. unveränderte Auflage. Geb. 80 Pfg.
10. **Physiologie** von M. Foster, Professor an der Universität Cambridge. Deutsche Ausgabe von J. Rich. Ewald, Professor an der Universität Straßburg. Mit 19 Abbildungen. 3. neu durchgesehene Auflage. Gebunden 80 Pfg.
11. **Allgemeine Einführung in die Naturwissenschaften** von T. H. Huxley. Deutsche Ausgabe von Oskar Schmidt. Durchgesehen von Paul Hensel, a.-o. Prof. an der Univ. Heidelberg. 4. Auflage. Gebunden 80 Pfg.

Naturwissenschaftliche Elementarbücher.

Geologie

von

A. Geikie,
Professor der Geologie an der Universität Edinburg.

Deutsche Ausgabe
besorgt von
Oskar Schmidt,
weiland Professor an der Universität Straßburg.

Mit Abbildungen und einem Anhang von Fragen und Aufgaben.

Sechste Auflage.

Straßburg.
Verlag von Karl J. Trübner.
1905.

Druck von M. Du Mont-Schauberg, Straßburg.

Vorwort des Verfassers.

Dieses Büchlein ist dem praktischen Unterricht gewidmet. Für Lehrer und Schüler wird es daher empfehlenswert sein, sich eine kleine Sammlung von Gesteinsproben zu verschaffen und diese fleißig zu benützen. An einem günstig gelegenen Ort kann sich der Lehrer seine eigene Auswahl zusammenstellen, andernfalls wird er gut tun, die am Schlusse beschriebene zu beziehen und die Augen seiner Schüler vom ersten Anfang an mit den Proben vertraut zu machen, die in den Abschnitten beschrieben werden. — Der schnelle Absatz dieses Büchleins sowohl in England und Amerika, wie in Deutschland, beides in großen Auflagen, berechtigt mich wohl zu der Hoffnung, daß die darin angewandte praktische Methode für den Unterricht nützlich befunden worden ist. Es wurde mir nahegelegt, in diesem Elementarbuche einige Angaben über die geologischen Formationen und andere Einzelheiten zu machen, wie sie in den meisten Elementarbüchern der Geologie zu finden sind. Aber mein bestimmtes Ziel bei der Ausarbeitung dieses Büchleins war, nur so viel Einzelheiten zu geben, als nötig sind, um diejenige Methode der Naturbeobachtung und diejenigen Grundsätze der Deduktion zu veranschaulichen, die in anziehender Weise der Fassungskraft jüngerer Knaben und Mädchen beigebracht werden können. Meine Absicht ist lediglich, Lernbegierde zu erwecken und zu Untersuchungen anzuregen. Wenn einmal diese Wissenslust erweckt ist, wird es dem Schüler nicht schwer fallen, die ergiebigeren Quellen seiner Belehrung zu finden, und der Zweck meines Büchleins ist dann vollständig erfüllt. — Die gegenwärtige neue Auflage ist sorgfältig durchgesehen.

Dezember 1883.

A. Geikie.

Vorwort zur deutschen Ausgabe.

Der deutschen Volksschule wird hiermit eine Reihe von Leitfäden zur Einführung in die Naturwissenschaften geboten, die durch hervorragende Eigentümlichkeiten sich empfehlen.

Die berühmtesten Gelehrten Englands haben sich zusammengetan, um, jeder in seinem Fache, aber in übereinstimmender Behandlung, die Jugend der Volksschulen zur Beobachtung, zum Nachdenken über die alltäglichen Erscheinungen der Außenwelt anzuleiten und sie mit der Natur, in der wir wurzeln, vertraut zu machen. Sie sind, und wir mit ihnen, überzeugt, daß das Beste gerade gut genug für die Volksschule ist, und daß die Anforderungen, welche die Neuzeit auf erweiterte Pflege der Naturwissenschaften erhebt, nicht damit sich erfüllen, daß systematische, schwer zu bewältigende Übersichten gegeben werden. Dagegen wird die Freude an der Natur und der Drang nach dem Verständnis der Erscheinungen dadurch geweckt und genährt, daß wir, von der nächsten Umgebung und den einfachsten Tatsachen ausgehend, unsere Anschauungen und unsern Gesichtskreis nach Maßgabe des selbst Beobachteten und Verglichenen erweitern.

So gestaltet sich diese Einführung in die Naturwissenschaften zu einer höheren Stufe des Anschauungsunterrichts, zu einer Anleitung zum Denken und Schließen.

Daß es so sein müsse, darüber ist man ja schon längst einig; aber noch nie sind unserer Volksschule so gediegene Hilfsmittel geboten worden, in denen unter der einfachsten und verständlichsten, zugleich das Gemüt erfreuenden Einkleidung die Resultate der Wissenschaft durchblicken.

Straßburg, im Mai 1877.

Oskar Schmidt,
Professor an der Universität.

Zur fünften Auflage.

Ein hervorragender Fachmann hat die Güte gehabt, aus Anlaß dieses Neudrucks den deutschen Text einer genauen Durchsicht zu unterziehen und ihn mit der neuesten Ausgabe des englischen Originals nochmals zu vergleichen, wobei sich manche wertvolle Verbesserung ergab.

Straßburg, im Juli 1895.

Die Verlagshandlung.

Zur sechsten Auflage.

Die sechste Auflage ist ein Neudruck der fünften mit den durch die neueste Orthographie bedingten Änderungen.

Straßburg, im August 1904.

Die Verlagshandlung.

Inhalt.

	Abschnitt	Seite
Einleitung	1—14	1—6
Steine oder Felsen. Ihre verschiedenen Arten	15—33	. 7—17
Was uns die Steine erzählen .	34—41	. 17—22
Sedimentär-Gesteine:		
I. Was ist Sediment? . . .	42—54	. 22—26
II. Wie entstehen Kies, Sand und Schlamm?	55—69	. 26—35
III. Wie Kies, Sand und Schlamm zu Sedimentär-Gesteinen werden	70—93	. 35—47
IV. Wie erklärt sich das Vorkommen von Überresten der Pflanzen und Tiere in den Sedimentär-Gesteinen?	94—103	. 47—53
V. Ein Steinbruch und was er uns lehrt	104—116	. 53—59
Organische Gesteine oder aus Pflanzen- und Tierresten gebildete Gesteine:		
I. Gesteine aus Pflanzenresten .	117—137	. 60—70
II. Gesteine aus Tierresten . .	138—147	. 70—78
Eruptive Gesteine:		
I. Was die eruptiven Gesteine sind	148—161	78—88
II. Woher die eruptiven Gesteine kommen	162—172	. 89—96

	Abschnitt	Seite
Die Erdkruste:		
I. Beweise, daß Teile der Kruste in die Höhe getrieben worden sind	173—192	96—106
II. Beweise, daß Teile der Erdkruste sich gesenkt haben .	193—203	106—112
III. Beweise, daß die Gesteine der Erdkruste erschüttert, verschoben und geknickt worden sind	204—212	112—118
IV. Die Entstehung der Gebirge	213—228	118—127
V. Wie die Gesteine der Kruste die Geschichte der Erde erzählen	229—240	127—134
Schluß	241—246	134—136

Anhang von Fragen und Aufgaben . . . 137—142

Verzeichnis von Gesteinsproben, die beim Gebrauche des Elementarbuches der Geologie erforderlich sind . . . . 143—144

Geologie.

Einleitung.

1. Unter dem verschiedenartigen Material, aus dem ein gewöhnliches Wohnhaus gebaut wird, befindet sich immer Stein. Zu den Mauern, Herden, Essen, Dächern wird Stein verwendet, aber fast in jedem einzelnen Fall ist es Stein von verschiedener Beschaffenheit. So können die Mauern aus Sandstein, Kalkstein oder Backstein, die Herde aus Ton, die Dächer von Schiefer oder Ziegeln und die Kaminsimse, wo sie noch gebräuchlich, von Marmor hergestellt sein, während noch eine andere Art von Stein, Kohle genannt, in den Herden gebrannt wird. Draußen auf den Straßen findet man eine noch größere Mannigfaltigkeit. Die Steine des Straßenpflasters sind von einer Art, die der Fußsteige von einer anderen. Viele Abarten werden zu den Bauverzierungen an den Läden und Gebäuden verwendet. Beim bloßen Anblick der Straßen und Häuser bemerkt man also sogleich, daß es sehr verschiedene Arten von Steinen gibt.

2. Untersuchen wir diese ein wenig genauer, so bemerken wir, daß sie auf verschiedene Weise behandelt werden, ehe sie Teile eines Gebäudes bilden. Die Steine der Mauern sind mit Meißel und Hammer behauen; der Marmor der Kaminsimse ist geschliffen und poliert worden; der Schiefer in dünne Platten gespalten. Aber

einige dieser Baumaterialien haben noch weit größere Veränderungen durchgemacht. Die Backsteine oder Ziegelsteine z. B. waren ursprünglich weicher Lehm, der durch Brennen in Öfen gehärtet worden ist. Der Mörtel, durch den die Steine oder Ziegel der Mauern zusammengehalten werden, ist durch Brennen des Kalksteins in Brennöfen gewonnen worden. Das in dem Hause verwendete Eisen war zuerst Bestandteil eines dunkeln, roten oder braunen Steines, der in Hochöfen geschmolzen werden mußte, ehe das reine, glänzende Metall daraus hervorging. Ebenso verhält es sich mit dem Kupfer, Zinn und anderen Metallen, aus denen so viele Gegenstände unseres Haushalts verfertigt sind.

3. Aber obgleich diese verschiedenartigen Steine sich so sehr voneinander unterscheiden, stimmen sie doch in einem Punkt überein: sie lagen einst alle unter der Oberfläche der Erde. Wenn man jeden Stein an den Ort, woher er kam, zurückbringen könnte, so würde man finden, daß Sand- und Kalksteine aus vielleicht gar nicht sehr entfernten Steinbrüchen gewonnen sind, daß der Schiefer von dem Abhang eines Hügels abgespalten, daß der Marmor aus irgend einem entfernten Berge, vielleicht in Italien gebrochen wurde, daß man die Kohle aus zum Teil sehr tiefen Bergwerken zutage förderte und die Ziegel aus Lehm machte, den man aus Gruben in flachen Gegenden unserer Nachbarschaft gewinnt.

4. In unserem Vaterlande hat der größte Teil der Erdoberfläche eine grüne Hülle; selbst auf den Abhängen der Hügel breiten sich Getreidefelder, Wiesen, Wälder und Weinberge aus, welche das unter ihnen Liegende verbergen, gleichwie ein Teppich den Fußboden verhüllt.

Aber dieser Mantel von Pflanzen und der Erdboden, dem die Pflanzen entkeimen, bilden zusammen nur eine dünne Schicht. Man kann leicht durch das Gras und die Erde graben, und noch leichter kann man in Steinbrüchen und Gruben beobachten, wie diese Decke entfernt wird. Man wird finden, daß dieser Mantel aus einer gewöhnlich nur 1—3 Meter dicken Lage besteht. Darunter liegt immer und überall irgend eine Art von Stein. Wie wir durch das Zurückschlagen des Teppichs den hölzernen Fußboden erblicken, so legen wir auch durch das Abschälen der äußeren Schicht von Pflanzen und Erde den Steinboden bloß.

5. Auf diesem Steinboden stehen und gehen wir jeden Tag unseres Lebens. Er erstreckt sich über den ganzen Erdball, er bildet den Meeresgrund und die Oberfläche des Landes. Verschieden von dem Fußboden unserer Häuser, ist er, wie wir wohl wissen, sehr uneben. An manchen Stellen breitet er sich in weite, flache Ebenen aus, dann wieder erhebt er sich zu hohen, steilen Bergen.

6. Ferner auch weicht der unermeßliche Erdboden von unserem kleinen hölzernen Fußboden durch die wunderbare Mannigfaltigkeit des Materials ab. Von dieser Mannigfaltigkeit sehen wir nur einen kleinen Teil in den Steinen, die wir bei unsern Gebäuden verwenden. Es gibt eine fast endlose Zahl von andern Gesteinsarten. Ein Baumeister ist zufrieden, wenn er seine Fußböden von einer gleichförmigen dauerhaften Holzart machen kann. Aber der große Steinboden, auf dem wir leben, besitzt keine solche Gleichförmigkeit. Seine verschiedenen Bestandteile sind so unregelmäßig und verschiedenartig zusammengesetzt, daß,

wenn wir eine Karte davon zeichnen wollten, diese dem verwickelten Muster eines kostbaren Teppichs gleichen würde.

7. Von diesem Steingrunde soll nun im folgenden die Rede sein: woraus er besteht und wie seine verschiedenen Teile sich untereinander verbanden. Beim ersten Anblick mag es vielleicht erscheinen, als ob ein solcher Gegenstand wenig Wissenswertes oder Anziehendes böte, allein das folgende Beispiel wird uns zeigen, wie sehr der Charakter und die Geschichte eines Volkes und die Gestaltung des alltäglichen Lebens von der verschiedenartigen Natur und Form des Steinbodens, auf welchem es lebt, beeinflußt wird.

8. Wir nehmen eine Karte von Deutschland vor und ziehen zuerst eine Linie von Emden über Bremen nach Berlin und von da nach Königsberg. Einen zweiten Weg zeichnen wir von Braunschweig über Erfurt, Würzburg, Stuttgart nach Freiburg in Baden.

9. Zwei Reisende, die, jeder in einer der angegebenen Richtungen, Deutschland zum erstenmal kennen lernten, würden ganz verschiedene Eindrücke erhalten. Der erste, der von Emden über Berlin nach Königsberg zu reisen hätte, würde über das, was er gesehen, sich etwa so ausdrücken: „Ich bin ganz erstaunt, wie flach und eben Deutschland ist. Obgleich von einem Ende zum andern wandernd, habe ich kaum eine Erhebung des Bodens gesehen, die den Namen eines Hügels verdient. Aus grünendem Weideland, bedeckt mit Herden schöner Rinder, und aus fruchtbaren Feldern, trat ich in ödes Heideland, und weiterhin wechselte Wald und Feld, Sandboden und bessere Ackerkrume.

Überall, schien mir, mußten die Bewohner tüchtig arbeiten, um der Erde des Leibes Notdurft und Nahrung abzugewinnen. Nur um Magdeburg herum, wohin ich seitlich abbiegen mußte, gab der Boden hundertfältigen Ertrag. Dort blüht die landwirtschaftliche Industrie und ist das Fabrikwesen hoch entwickelt. Unerschöpfliche Salzlager unter der Erde werden ausgebeutet und Kohlenlager ermöglichen den Betrieb von Tausenden von Maschinen."

10. Ganz anders würde der Bericht des zweiten Reisenden lauten. Er müßte Deutschland, so weit es ihm auf einer langen Fußwanderung bekannt geworden, als ein bergiges Land schildern. Aus der gartenartigen, fruchtbaren Umgegend von Braunschweig ist er in die ärmlichen Bergwerksbezirke des westlichen Harz eingetreten. Später, den Thüringer Wald übersteigend, fand er wieder eine Anzahl lieblicher, fruchtbarer, gewerbreicher Täler abwechselnd mit unergiebigen Höhen und Hochebenen, wenn auch nur von geringerer Ausdehnung, und als er nach der anderen Seite einen Abstecher auf das Rhöngebirge unternahm, überzeugte er sich vollends von der Tatsache, daß das Aussehen der Landschaft, Pflanzenwuchs, Dichtigkeit der Bevölkerung je nach der Beschaffenheit des Bodens und des festen Gesteins ganz auffallend wechselt. Begleiten wir unsern Reisenden weiter in das Gebiet des Maines, durch das dichtbevölkerte, industriereiche Württemberg, und steigen mit ihm über den öberen Teil des Schwarzwaldes nach dem herrlichen Freiburg hinab, von wo aus wir in die lachenden Gefilde des Rheins blicken, so begreifen wir, wie der Bericht unseres zweiten Gewährsmannes von dem des ersten gänzlich abweichen muß.

11. Jeder von beiden hat das Land so weit treu beschrieben, als seine eigene Erfahrung geht. Und doch würde sich jeder von beiden sehr täuschen in der Voraussetzung, daß das, was er als die Eigentümlichkeit des einen Teiles des Landes erkannt hat, auf das Ganze passe.

12. Fast in jedem Lande Europas und Amerikas, ja auf dem ganzen Erdball werden ähnliche Gegensätze gefunden. Wie kommt es nun, daß die verschiedenen Gegenden so große Unterschiede zeigen? Was macht die eine Gegend bergig, die andere eben, die eine fruchtbar, die andere öde, die eine volkreich und übersäet mit aller Art von Gewerbe, die andere dünn bevölkert?

13. Diese großen Verschiedenheiten der Oberfläche des Landes hängen von der verschiedenen Beschaffenheit des Bodens und der Gesteine ab. Wenn nun die Eigentümlichkeit einer Gegend und ihrer Bewohner von der Natur der Steine unter ihren Füßen abhängt, so ist es gewiß wünschenswert, etwas über die Steine zu wissen: woraus sie bestehen, warum sie hier Ebenen und Niederungen bilden, dort aber einzelne Hügel oder hohe Gebirge.

14. Aber die flüchtigste Beobachtung weist uns ferner darauf hin, daß die verschiedenen Gesteinsarten ihre besondere Geschichte haben, die einen merkwürdigen Einblick in die frühere Gestaltung von Land und Meer gewährt. Schrittweise bemerken wir, daß die Geschichte unseres Erdballes aus diesen Gesteinen enträtselt werden kann. Die Wissenschaft, die diese Dinge behandelt, ist die Geologie, d. h. derjenige Zweig der menschlichen Forschung, welcher der Geschichte der Erde gewidmet ist.

Steine oder Felsen. Ihre verschiedenen Arten.

15. Beim Beginn des Studiums der Geologie ist es vor allem wichtig, klar zu erkennen, in welchen Punkten die Gesteine sich gleichen und in welchen anderen sie von einander verschieden sind. Sie bilden die Dokumente für die Geschichte der Erde. Wenn wir daher diese Geschichte lernen, ja sogar befähigt werden sollen, irgend einen Teil davon selbständig zu entziffern, so müssen wir unsere Dokumente so ordnen, daß wir sie genau und richtig verwenden können und stets die richtige Auskunft von ihnen erhalten. Ein großer Vorteil unseres Forschungsgebietes ist es, daß es jedermann offen liegt. Alle von der Geologie behandelten Fragen drängen sich uns schon im Alltagsleben auf, und jeder verständige Schüler darf nicht nur hoffen, sie verstehen zu lernen, sondern auch zur selbständigen Weiterforschung befähigt zu werden.

16. Vielen, die zum erstenmal eine Stein- oder Mineraliensammlung sehen, erscheint vielleicht die Zahl und Verschiedenartigkeit der Gesteine so groß, daß sie fürchten, ihre Kenntnis erfordere ein mühsames Studium. Und bis zu einem gewissen Grade hat dieser erste Eindruck seine Berechtigung. Nichtsdestoweniger ist es möglich, die Beschwerlichkeit unseres Forschens bedeutend zu verringern. Folgender Vergleich möge dies veranschaulichen:

17. Wenn man gefragt würde, wieviel verschiedene Arten von Büchern man im Leben schon gesehen hätte, so würde man wahrscheinlich sagen, es sei ganz unmöglich, sie zu zählen. Es fiele uns vielleicht

schwer, zu entscheiden, welche Bücher zusammengehören und welche nicht. Einige stimmen darin überein, daß sie neu sind; andere, daß sie alt sind; einige sind groß, andere klein; einige in Pappe, andere nur in Papier eingehüllt; einige prächtig in Leinwand von roter, grüner und blauer oder anderer Farbe eingebunden, andere mit Leder überzogen und mit reicher Vergoldung geziert; einige sind deutsch, andere französisch, englisch oder lateinisch gedruckt. Aber wenn wir einen Augenblick überlegen, finden wir, daß es nur äußerliche Unterschiede sind. Der wirklich wichtige Teil eines Buches ist nicht der Einband oder das Papier, noch der Druck, sondern die Gedanken, die es uns zu eigen machen soll. Man mag aus diesen Gedanken ein kleines oder ein großes Buch drucken in deutscher, französischer oder englischer Sprache, so würden die Gedanken doch immer dieselben bleiben und im wesentlichen auch das Buch.

18. Wenn wir nun von diesen nur unwichtigen, äußerlichen Ähnlichkeiten oder Unterschieden uns dem zuwenden, was die Bücher wirklich sind, so entdecken wir bald, daß es gar nicht so viele Arten gibt, wie wir anfänglich glaubten. Wir können sie aussuchen und nach den Gegenständen, von denen sie handeln, in Gruppen ordnen. So finden wir, daß einige Grammatiken, andere Geschichtsbücher, Geographiebücher, Gedichtbücher, Reisebücher, Erzählungsbücher sind und so fort. Unter jedem dieser Namen könnte man Hunderte von Büchern aufstellen, die sich alle gleichen, weil sie von derselben Sache handeln, ob es nun alte oder neue, große oder kleine, eingebundene oder uneingebundene Bücher sind.

19. Indem man nun die Bücher auf diese Weise ordnete, nicht nach den bloß oberflächlichen, zufälligen Ähnlichkeiten, sondern nach den Gegenständen, die sie behandeln, d. h. nach ihren wahren Ähnlichkeiten, würde man dem Grundsatz der Klassenordnung folgen. Es würde nichts ausmachen, wie viele verschiedene Bücher in unsere Hände kämen; mögen sie auch deutsch, englisch, französisch, lateinisch, griechisch oder sonst in einer Sprache geschrieben sein. Wir würden, unserm Prinzip der Klassenordnung folgend, dennoch imstande sein, alle an ihren richtigen Platz zu bringen; alle von demselben Gegenstand handelnden Bücher würden zusammengestellt, so daß wir in jedem Augenblick irgend ein besonderes Buch, das wir brauchten, zur Hand nehmen könnten.

20. Wenn wir nun anstatt der Bücher Steine nach ihren verschiedenen Arten zu ordnen hätten, so würden wir über die Namen der verschiedenen Steine, die wir kennen, nachdenken und versuchen, ihre Eigentümlichkeit zu ermitteln. Vielleicht würden wir damit beginnen, sie der Farbe nach zu ordnen, z. B. in schwarze Steine, wie Kohle; in weiße Steine, wie Kreide. Bald aber finden wir, daß derselbe Stein, Marmor z. B., manchmal schwarz und manchmal weiß ist. Offenbar können wir noch weniger, als bei den Büchern, die Farbe zum Einteilungsgrunde machen. Dann könnte man versuchen, wie es mit einer Einteilung in harte und weiche Steine ginge. Kaum aber haben wir diese Art von Einteilung begonnen, so finden wir auch schon, daß wir Steine nebeneinander legen müßten, die so grundverschieden sind, daß wir einsehen, wie auch die bloße Härte oder

Weichheit nur eines der äußerlichen, zufälligen Merkmale bildet, gleich dem Papier oder dem Druck eines Buches.

21. Wir müssen daher ausfindig machen, was die wirklichen, wesentlichen Kennzeichen der Steine sind. Wie machten wir es in dem Falle mit den Büchern? Wir prüften ihren Inhalt und stellten diejenigen zusammen, in denen wir beim Durchlesen denselben Gegenstand behandelt fanden. Diesem Grundsatz müssen wir auch bei den Steinen folgen.

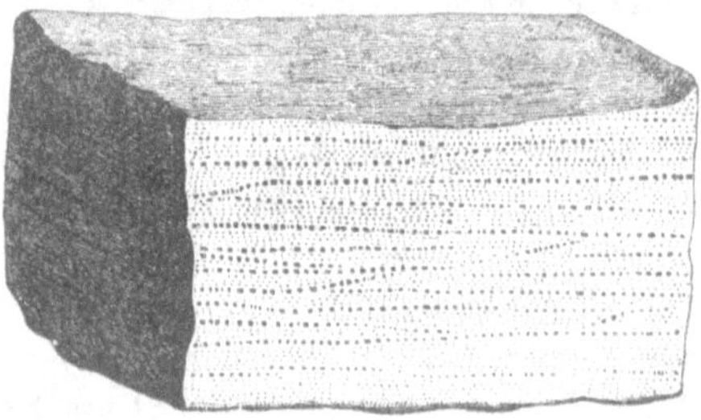

Fig. 1. — Ein Stück Sandstein.

22. Da wird mancher fragen: „Wie sollen wir den Inhalt der Steine lesen? Gewiß muß es sehr schwer sein; gibt es denn nicht eine viel größere Anzahl Arten von Steinen, als von Büchern?" Durchaus nicht. Wir werden bald lernen, daß es gar nicht so schwer ist, wie wir vermuten, den Inhalt der Steine zu lesen, und daß es viel weniger Hauptgruppen als von Büchern gibt.

23. Nehmen wir drei Stücke Stein:

1) Ein Stück Sandstein.
2) Ein Stück Granit.
3) Ein Stück Kreide.

Mit jeder dieser Steinarten sind wir genau bekannt. Der Sandstein ist ein gewöhnlicher Bestandteil der Mauern, Fenstersimse, Herde und Fliese (Fußböden aus Platten). Den Granit kann man jetzt oft in polierten Säulen und Platten an öffentlichen Gebäuden, Läden und an Grabsteinen sehen; und die Straßen in manchen von unsern großen Städten sind jetzt damit gepflastert. Die gewöhnliche weiße Kreide ist jedermann bekannt.

24. Nehmen wir das Stück Sandstein in die Hand und prüfen es sorgfältig, indem wir uns des Vergrößerungsglases bedienen, wenn die Körner klein sind. Dann wollen wir jedes der Merkmale, die wir der Reihe nach beobachten, aufschreiben. Der Farbe werden wir natürlich wenig Aufmerksamkeit schenken; denn der Sandstein kann, gleich einem Buche, rot oder weiß, grün oder gelb, in der Tat fast von jeder Farbe sein. Ebensowenig werden wir auf die Härte oder Weichheit als ein wesentliches Kennzeichen viel Wert legen; denn man kann selbst bei einem kleinen Stück dieses Gesteins finden, daß ein Teil ganz hart ist, während daneben eine Stelle weich ist und abbröckelt.

25. Wenn unser Stück Sandstein gut ausgewählt ist, so können wir folgende Merkmale aufschreiben:

1) Der Stein besteht aus kleinen Körnern.
2) Die Körner sind alle mehr oder weniger abgerundet oder abgestumpft.
3) Wenn wir die Oberfläche des Steines schaben, können diese runden Körner von dem Steine abgetrennt werden; wenn sie in diesem losgetrennten Zustande vor uns liegen, sehen wir, daß es bloße Sandkörner sind.

4) Eine sorgfältigere Prüfung zeigt, daß die Körner mehr oder weniger in Reihen liegen, die im ganzen mit einander gleichlaufen und daß der Stein in der Richtung dieser Flächen am leichtesten bricht oder sich spaltet.

5) Die Körner weichen voneinander in der Größe und ihrer Beschaffenheit ab. Die meisten bestehen, wenn sie auch weiß, gelb, rot oder grün aussehen, aus einem sehr harten, hellen, nahezu oder gänzlich farblosen Stoff, dem Glas ähnlich, einige sind vielleicht kleine Flitter einer Masse, die wie Silber glänzt, andere sind weicher und sehen aus wie Erde von der allgemeinen Farbe des Steines. In manchen Sandsteinen liegen die Körner in unmittelbarer gegenseitiger Berührung nebeneinander; in andern sind sie durch eine Art von Kitt zu einem festen Stein vereinigt. Dieser Kitt ist es, der gewöhnlich den Sandstein färbt; denn er ist oft rot oder gelb und manchmal grün, braun oder purpurrot, selbst schwarz.

26. Fassen wir nun diese Merkmale in eine kurze Schilderung zusammen, so können wir unseren Sandstein beschreiben als ein Gestein, das aus abgestumpften, abgerundeten und schichtenweis geordneten Körnern von verschiedenen Steinen oder Mineralsubstanzen zusammengesetzt ist.

27. Wir verfahren nun mit dem Stück Granit in derselben Weise. Sofort bemerken wir eine ganz andere Reihe von Erscheinungen und sind nach kürzerer Unter-

suchung schon imstande, folgendes ausfindig zu machen und aufzuschreiben:

Fig. 2. — Ein Stück Granit.

1) Der Stein enthält keine abgerundeten Körper.
2) Er ist aus drei verschiedenen Bestandteilen zusammengesetzt, von denen jeder eine besondere kristallinische Gestalt hat. (Chemie, Abschnitt 23.) Einer von diesen, Feldspat genannt, liegt darin in langen, glatten, mehr oder weniger scharf ausgeprägten Kristallen von einer blassen Fleischfarbe oder schmutzigem Weiß, die man mit einiger Schwierigkeit mit der Spitze eines Messers ritzen kann. Dies sind die langen, weißen, scharfkantigen Gegenstände auf der Zeichnung (Fig. 2). Ein anderer, Glimmer genannt, findet sich in hellglänzenden Tafeln, die man leicht abheben und in dünne, durchsichtige Plättchen spalten kann. Wenn man diese schimmernden Plättchen mit den silberartigen Flittern in dem Sandsteine vergleicht, so sieht man, daß sie aus demselben Stoff bestehen. Der dritte,

namens Quarz, ist eine sehr harte, helle, glasartige Masse, auf der das Messer keinen Eindruck hinterläßt, und die wir als denselben Bestandteil erkennen, aus dem die meisten der Körner des Sandsteines gebildet sind.

3) Die Kristalle im Granit liegen nicht in bestimmter Ordnung, sondern sind bunt durcheinander im ganzen Stein zerstreut und sind wie miteinander verwachsen.

28. Das sind Merkmale, die auffallend von denen des Sandsteines abweichen. Wir können aus ihnen folgende Erklärung zusammenstellen: der Granit ist aus drei verschiedenen kristallisierten Mineralien zusammengesetzt, die nicht in Lagen geordnet, sondern unregelmäßig miteinander verbunden sind.

29. Endlich nehmen wir dieselbe Prüfung auch noch mit unserm Stück Kreide vor. Beim ersten Anblick scheint dieser Stein überhaupt keine bestimmten Merkmale zu besitzen. Es ist ein weicher, weißer, zerbröckelnder Stoff, der unsere Finger beschmutzt, wenn wir ihn berühren, und weder Körner wie der Sandstein, noch Kristalle gleich dem Granit zu haben scheint. Wir haben ein einfaches Vergrößerungsglas (Lupe) oder selbst ein Mikroskop nötig, um die wahre Beschaffenheit der Kreide zu erkennen. Nehmen wir eine feine Bürste und reiben damit ein wenig Kreide in ein Glas klaren Wassers; dann schütteln wir das Wasser sanft um und lassen es so lange stehen, bis wir auf dem Grunde einen Niederschlag bemerken. Nun gießen wir das Wasser ab, bringen ein wenig vom Niederschlag auf ein Stück Glas

und besehen es unter dem Mikroskop. (S. Abschn. 142.) Wir finden, daß er höchst eigenartige Merkmale hat, die wir etwa folgendermaßen schildern können:

1) Obgleich die Kreide in ihrem Gefüge (Struktur) viel gleichförmiger erscheint als Sandstein und Granit, ist sie doch aus vielen Teilchen zusammengesetzt, die sich zwar in Farbe und Stoff gleichen, aber eine große Mannigfaltigkeit von Formen zeigen.

2) Sie besteht aus winzigen Muscheln, Teilen von Korallen, Bruchstücken von Schwämmen und weißen Teilchen, die offenbar die zerbröckelten Reste von Organismen, d. h. von Wesen sind, die einst gelebt haben. Auf Fig. 3 sehen wir einige dieser Kreidekörner, wie sie unter einem fünfzigmal vergrößernden Mikroskop erscheinen. Auch größere und gut erhaltene Muscheln, See-Igel und Überbleibsel anderer Seetiere kommen in der Kreide eingebettet vor. (Siehe Fig. 23.)

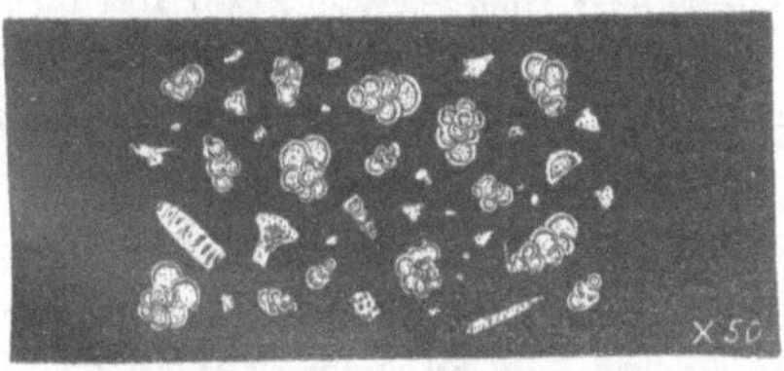

Fig. 3. — Einzelne Körner eines Stückes Kreide.

30. Um die Kreide kurz zu beschreiben, sagen wir also: sie ist ein Stein, der aus den Überbleibseln von einst lebenden Tieren gebildet ist.

31. Ist ein Stück Kreide nicht erhältlich, so kann vielleicht ein Stück Kalkstein aufgetrieben werden, der ebenfalls ganz oder fast ganz aus erkennbaren Muschelbruchstücken und anderen tierischen Überresten besteht. Das aufgetriebene Stück kann ein fester Stein sein von irgend einer Farbe. Es kann der Kreide so unähnlich sein, wie Kreide dem Granit, und doch gehört es zu der im vorhergehenden Abschnitt beschriebenen Art, wenn es aus zusammengefügten Überresten einst lebender Tiere besteht. (Siehe Fig. 24.)

32. Diese Art der Untersuchung ist immer und immer zu wiederholen, bis wir mit den hier aufgeschriebenen Merkmalen ganz vertraut sind. Es ist dies deshalb so wichtig, weil, wie wir später herausfinden werden, diese drei Steine Muster der drei größten Gruppen sind, in welche die meisten Felsarten eingeteilt werden können. Wenn wir also die Zusammensetzung eines Stückes Sandstein, Kreide oder Granit genau kennen gelernt haben, und wissen, wie jedes dieser Gesteine gebildet worden, so haben wir nicht nur eine Kenntnis dieser Tatsachen erlangt, sondern auch damit eine Grundlage zu der Wissenschaft gelegt, die uns verstehen lehrt, wie der bei weitem größte Teil der Steine unserer Berge, Täler und Ebenen entstanden ist.

33. Trotz der anscheinend unendlichen Mannigfaltigkeit der Gesteine, aus denen der Erdball aufgebaut ist, sehen wir, daß sie bei einigem Studium in wenige Klassen eingeteilt werden können. Wir haben einfach unserer Einteilungsordnung zu folgen, dann fällt jeder Stein, den wir finden, ganz natürlich seiner eigenen, bestimmten Gruppe zu. Wir bekümmern uns nicht viel

um die bloße äußere Farbe und Gestalt; wir versuchen die wesentlichen Unterschiede unter den Steinen und ihre Hauptmerkmale herauszufinden. Wir suchen zu erforschen, aus was der Stein besteht, und welcher Art sein Gefüge ist und ordnen ihn dann, je nach dem Ergebnis unserer Untersuchung, in die Sandstein-, Granit- oder Kreidegruppe ein.

Was uns die Steine erzählen.

34. Wenn wir aber nicht weiter gelangten als zur Fähigkeit, Steine nach ihren bestimmten Gruppen zu ordnen, würde es kaum der Mühe wert sein, dieses Studium zu betreiben. Wir würden Leuten gleichen, die wohl eine Bibliothek in so vorzüglicher Ordnung aufstellen können, daß jedes Buch in seiner Abteilung zu augenblicklichem Gebrauch bereit steht, die aber mit der bloßen wissenschaftlichen Anordnung zufrieden sind und nie irgend eines der Bücher öffnen, um sich mit dem Inhalt ebenso bekannt zu machen, wie mit der Aufschrift. Die Einteilung von Steinen, Blumen, Vögeln, oder irgend welchen anderen Gegenständen in der Natur ist an und für sich von keinem größeren Nutzen, als das Ordnen einer Bibliothek, solange wir nicht das Wesen der Dinge, die wir ordnen, und ihre Beziehungen untereinander verstehen lernen.

35. Diese Gewohnheit, alle Dinge, die wir entdecken, einzuteilen (zu klassifizieren), ist die Grundlage jeder wahren Wissenschaft. Ohne sie könnten wir keine Fortschritte machen; immer würden wir in Verlegenheit sein und nie wissen, was wir mit jedem neu gefundenen Gegenstande machen sollten. Es würde uns

gehen, wie Leuten, die man in eine große Halle gebracht, wo auf dem Fußboden und in den Gängen Stöße von Büchern, in allen Sprachen und von allen Gegenständen handelnd, in der größten Unordnung umherlägen und von denen man verlangte, daß sie sich dort selbst unterrichten sollten.

36. Sehen wir nun, was wir mit diesem Verfahren erzielen bei der scheinbar endlosen Verschiedenheit der Gesteine, mit denen die Welt angefüllt ist. Wir nehmen wieder unsere drei Stücke Stein — Sandstein, Kreide und Granit — und vergleichen andere Steine mit ihnen. Wir gehen aus der Stadt hinaus zur nächsten Grube, zu einem Steinbruch oder einer Schlucht, kurz zu irgend einer Öffnung, sei sie nun künstlich oder natürlich, die uns in den Stand setzt, unter das Gras und den Ackerboden einen Blick zu tun. An einer Stelle finden wir vielleicht eine Lehmgrube, an einer andern einen Sandsteinbruch, noch weiter durchschneidet ein Schienenweg Kreide- oder Kalkfelsen, oder wir kommen zu einer tiefen Schlucht, zwischen harten Felsen, auf deren Grund ein Strom fließt. Es tut bei unserm gegenwärtigen Zwecke nichts zur Sache, welcher Art die Öffnung sei, wenn sie uns nur zeigt, was unter dem Boden liegt. An allen solchen Stellen treffen wir Steine einer oder verschiedener Art. Das Wort „Gestein" wenden wir auf jede Art von natürlich gebildeten Steinen oder Mineralien an, gleichviel ob sie hart oder weich sind. In diesem Sinne sind Sand, Schlamm, Lehm, Torf und Kohle ebensowohl Gesteine, wie Sandstein, Kalkstein oder Granit. Bei einiger Übung lernen wir, daß diese verschiedenen Steinarten gewöhnlich einer oder der andern der drei

Abteilungen, die wir oben erwähnten, zugeteilt werden können. So wird zum Beispiel eine große Anzahl von Steinen der allgemeinen Beschreibung, die wir beim Sandstein anwandten, entsprechen. (Abschn. 24—26.) Diese werden wir natürlich mit unserm Stück Sandstein zusammenlegen. Bei einer andern beträchtlichen Anzahl von Steinen finden wir, daß sie ganz oder fast ganz aus den Überresten von Pflanzen oder Tieren bestehen. Diese bringen wir mit der Kreide in eine Abteilung. Schließlich ist eine Menge Steine aus den verschiedenartigsten Kristallen zusammengesetzt, und diese wollen wir fürs erste unserm Stück Granit beiordnen.

37. Auf diese Weise kann man, mit kleinen Steinen beginnend, die man in die Hand nehmen kann, fortschreiten zu Gesteinsschichten, die den Untergrund ganzer Kreise, Provinzen und sogar Königreiche bilden. Ein ausgezeichnetes Beispiel echter Kreidefelsen gibt die Insel Rügen; Sandsteingebirge treten uns im bunten Sandsteine Thüringens und im Quadersandstein der sächsischen Schweiz entgegen; massenhafte Lager von Granit und granitähnlichen Gesteinen finden wir im Harz und im Schwarzwalde. Wir bemerken nun zuvörderst, daß die verschiedenen Steinarten nicht aufs Geratewohl über eine Gegend zerstreut sind, sondern daß jede ein bestimmtes Gebiet hat mit eigentümlichen Formen von Berg und Tal.

38. Eine nähere Untersuchung läßt uns aber noch viel wunderbarere Dinge entdecken. Wenn wir die Gesteine in der richtigen Weise über ihr Entstehen befragen, so erfahren wir nach und nach, daß jedes von ihnen

uns eine mehr oder weniger genaue Antwort geben kann. Sie können in der Tat mit Büchern verglichen werden, von denen jedes ein kleines Stück Geschichte zu erzählen hat. Die Geschichte, die wir dem Gestein entnehmen, ist die Geschichte des Grund und Bodens, auf dem wir leben, wie er erschaffen worden und welche wunderbare Wandlungen er durchgemacht hat. Beim Lesen der Geschichtsbücher verfolgen wir die Wechsel, die unser Land in alten Zeiten durchmachte und erfahren, wie Schlachten geschlagen, Gesetze aufgestellt wurden und wie alte Gewohnheiten allmählich schwanden. Wir haben ohne Zweifel gefunden, daß, je mehr wir über diese Ereignisse früherer Zeiten wissen, wir um so besser verstehen, wie die Gesetze und Gebräuche der Jetztzeit zu dem wurden, was sie sind.

39. Auch der feste Boden unter unsern Füßen hat ebensogut eine Geschichte, als die Völker, die auf seiner Oberfläche gelebt haben. Einst war der größte Teil von Skandinavien und Großbritannien mit Eis bedeckt, wie jetzt noch Grönland. Wir können dann tiefer in die Vorzeit hinabsteigen und die Zeitenfolge angeben, wo das Harzgebirge, der Thüringer Wald, der Jura als einzelne Inseln aus dem Urmeere hervorragten und eine fremdartige, südliche Pflanzenwelt trugen. Jede einzelne Veränderung der Umrisse unseres Weltteiles läßt sich genau von der vorhergehenden und nachfolgenden unterscheiden, ja mit ebensogroßer Gewißheit, wie man die Reihenfolge der Taten Julius Cäsars oder Karls des Großen verzeichnen kann.

40. Die Spuren aller dieser alten Umwälzungen der Erdoberfläche sind in den Gesteinen unter unsern Füßen

enthalten. Indem wir lernen, was diese Steine sind, wie sie entstanden und allmählich ihre jetzige Gestalt annahmen, lernen wir einen Teil der Geschichte der Erde kennen. Diese Erdgeschichte ist in klarer, leicht verständlicher Sprache geschrieben, die wir bei etwas Geduld leicht beherrschen können. Und wenn wir sie uns einmal angeeignet haben, so wird uns das, was wir aus Büchern lernen, nicht mehr genügen. Haben wir erst entdeckt, daß selbst das gewöhnlichste Stückchen Stein uns seinen Teil dieser Geschichte erzählen kann, so wird es uns eine dauernde und wachsende Quelle von Vergnügen sein, zu den Steinbrüchen und Bächen, Seeküsten und Bergesabhängen, kurz an irgend eine Stelle zu gehen, wo die Felsen aus der Erde herausragen, um sie zu befragen, was sie uns über die alten Umwandlungen der Erde kundzugeben haben.

41. Der Zweck dieses kleinen Buches ist, uns in den Stand zu setzen, jedem Stein oder Felsen, den wir auffinden, derartige Fragen vorzulegen. Wir werden mit den einfachsten Lehren beginnen und uns bei jedem Schritt auf uns schon bekannte Dinge berufen. Auf diese Weise werden wir finden, wie gewiß und sicher unser Fortschritt ist und schließlich imstande sein, das Befragen ohne die Hilfe eines Buches oder Freundes fortzusetzen. Die Veränderungen, die noch jetzt auf der Oberfläche des Landes und dem Meeresgrund vor sich gehen, sind seit den ältesten Zeiten die gleichen gewesen und hatten stets die gleiche Wirkung. Im Verhältnis also, wie wir die gegenwärtige Naturordnung beobachten und erfassen, werden wir in den Stand gesetzt, auch die in früheren Zeiten geschehenen Ereignisse zu verstehen und

aus den Gesteinen die wunderbare Geschichte unserer Erde zu entziffern, welche zu erforschen und darzulegen die Aufgabe der Geologie ist.

Sedimentär-Gesteine.

I. Was ist Sediment?

42. Die Gesteine zu unsern Füßen enthalten also die Geschichte der alten Umwälzungen der Erde. Um in diese Geschichte einzudringen, sind aber wenigstens zwei Eigenschaften erforderlich: die Fähigkeit der Beobachtung und die Fähigkeit, unsere Beobachtungen zu ordnen und miteinander zu vergleichen. Die Methode der Beobachtung wurde in den vorhergehenden Abschnitten dadurch veranschaulicht, daß wir die Merkmale verschiedener Gesteinsarten ermittelten. Die Tätigkeit der Ordnung fand Anwendung bei der Klassifikation der Gesteine in drei Gruppen.

43. Wir nannten diese Gruppen: Sandsteingruppe, Kreidegruppe und Granitgruppe. Es sind aber bereits andere Namen angewendet worden, die noch passender sind. Demnach werden wir alle Gesteine, welche die Eigenschaften des Sandsteins besitzen, den Sedimentär-Gesteinen zuweisen; diejenigen, welche gleich der Kreide aus den Überresten von Pflanzen oder Tieren bestehen, zählen wir zu den Gesteinen organischen Ursprungs und solche von kristallinischer Beschaffenheit, wie der Granit, zu den eruptiven Gesteinen feurigflüssigen Ursprungs. Die Bedeutung dieser Namen wird uns bei weiterem Vorgehen klar werden.

44. Da sich nun diese Gruppen so deutlich voneinander unterscheiden, so dürfen wir von vornherein an-

nehmen, daß jede ihre besondere Geschichte haben muß, d. h. daß jede Gesteinsart auf verschiedene Weise entstanden sein muß. Wir wollen daher die Gruppen der Reihe nach durchnehmen und mit dem Sedimentär-Gesteine, das ist solchem, das mehr oder weniger Ähnlichkeit mit dem Sandstein hat, beginnen.

45. Erst aber müssen wir die Bedeutung des Wortes sedimentär verstehen und warum wir es anwenden. Wir nehmen ein Glas voll Wasser und schütten etwas Kies hinein. Der Kies sinkt sogleich zu Boden, wo er selbst dann liegen bleibt, wenn wir das Wasser heftig umrühren. Wir bedecken die Öffnung des Glases und drehen es um, damit sich Kies und Wasser recht vermischen; sobald wir aber damit aufhören und das Glas wieder auf den Tisch setzen, sehen wir, daß der Kies auf den Boden gesunken ist und eine Schicht bildet. Diese Schicht ist ein **Sediment** (Niederschlag) **von Kies**.

46. Anstatt Kies schütten wir Sand in das Wasser und schütteln abermals das Glas. Diesmal werden Sand und Wasser hierdurch so durcheinander gemischt, daß das Wasser für einige Augenblicke ganz schmutzig erscheint. Aber nach wenigen Minuten hat sich der Sand als Niederschlag auf den Boden gesenkt. Dieser Niederschlag ist ein **Sediment von Sand**.

47. Nun nehmen wir Schlamm oder Lehm, anstatt Kies oder Sand, und schütteln die Masse so lange mit dem Wasser, bis sie ganz mit diesem vermischt ist. Wenn das Glas wieder ruhig auf dem Tische steht, so bleibt das Wasser ganz schmutzig. Selbst nach einigen Stunden ist es noch so, doch bemerken wir schon, daß sich auf dem Grunde eine Schicht bildet. Wenn das Glas

lang genug ruhig stehen bleibt, wächst die Schicht so lange, bis das Wasser wieder klar geworden ist. In diesem Falle ist die Schicht ein **Sediment von Schlamm.**

48. Sediment ist demnach jeder Stoff, der sich, nachdem er kürzere oder längere Zeit im Wasser schwebte, oder von diesem fortgeschwemmt wurde, auf dem Grunde abgelagert hat. Je gröber oder schwerer das Sediment ist, desto schneller sinkt es, während das feinere lange Zeit im Wasser schwimmt.

49. Sedimentär-Gesteine sind daher solche, die aus Niederschlägen bestehen. Und gerade so wie der Niederschlag von verschiedener Härte oder Weiche ist, so sind es auch die daraus gebildeten Gesteine.

50. Hier sind Stücke von drei Sedimentär-Gesteinen:

1) Ein Stück Konglomerat [Fig. 4].

Fig. 4. — Ein Stück Konglomerat.

2) Das Stück Sandstein, das wir schon kennen [Fig. 1].

3) Ein Stück Schieferton [Fig. 5].

51. Wenn wir die erste dieser drei Arten prüfen, finden wir, daß sie aus kleinen, abgerundeten Steinen

besteht, die fest zusammengekittet sind. Würden diese runden Steine voneinander getrennt und auf einen Haufen zusammengeworfen, so würden wir dies einen Haufen Kies nennen. Der Stein ist offenbar nichts anderes, als zu fester Masse verbundener Kies, wie wir ihn an der Seeküste oder im Bett eines Stromes finden.

52. Nehmen wir nochmals das Stück Sandstein zur Hand, um es weiter zu prüfen. Sahen wir wohl schon solche Körner, wie die, aus denen unser Stück besteht? Darauf können wir erwidern, daß es ja bloße Sandkörner sind, wie man sie überall sieht. Der Sandstein besteht aus nichts anderem als Sand, der so fest zusammengefügt ist, daß er einen Stein bildet. Wenn wir an der Seeküste oder im Flußbett etwas Sand sammeln und ihn zu einer festen Masse erhärten, machen wir Sandstein.

53. Bei der dritten Gattung können wir nicht so leicht die Beschaffenheit der Körner herausfinden, da sie

Fig. 5. — Ein Stück Schieferton.

sehr klein sind. Wenn wir mit dem Messer ein wenig von dem Steine abschaben und mit einigen Tropfen Wasser vermischen, so erhalten wir eine Art Teig. Dann schütten wir diesen Teig in einen Becher mit Wasser und rühren ihn stark um. Sogleich sieht das Wasser schmutzig aus und bleibt es auch noch einige Zeit nachher. Bleibt der Becher mehrere Stunden stehen, so wird das Wasser wieder klar; was wir als schmutzigen Teig hineingetan haben, ist als eine Schicht Absatz zu Boden gesunken, welche Schlamm ist. Schieferton ist daher ein aus feinem, schlammigem Absatz gebildeter Stein, gerade wie das Konglomerat aus grobem, kiesartigem Absatz besteht.

54. So sehen wir, daß der Ausdruck Sedimentär-Gestein ein sehr bezeichnender ist; denn er umfaßt alle Steine, die aus irgend einer Art von Niederschlag, mag er nun grob oder fein sein, bestehen.

Betrachten wir nochmals unsere drei Gesteinsarten, so drängen sich uns zwei Fragen auf, die wir lösen müssen. Erstens: wie entstand der Niederschlag, aus dem sie gebildet sind, und dann: wie verhärtete sich der Niederschlag zu einem festen Gestein?

II. Wie entstehen Kies, Sand und Schlamm?

55. Im vorhergehenden Kapitel haben wir den ersten Schritt in der Untersuchung der Sedimentär-Gesteine getan und wissen jetzt, daß sie aus Niederschlag von Kies, Sand und Schlamm bestehen. Der nächste Schritt muß sein, herauszufinden, woher dieser Niederschlag kam, wie er entstand und auf welche Weise er sich in harte Felsen verwandelte. Beim Beginn jeder geologischen Untersuchung stelle man die Frage: „Geht nicht vielleicht auch jetzt in der Natur etwas vor, was uns das Gesuchte erklärt?" Wenn wir von der Beobachtung der Vorgänge der Jetztzeit ausgehen, sind wir besser

imstande, das früher Geschehene zu verstehen. Wie entstehen denn Kies, Sand und Schlamm heutigentags?

56. Ein wenig Beobachtung zeigt, daß der Unterschied zwischen Kies und Sand nur in der Größe des Korns besteht. Beim Kies sind die Steine groß, während sie beim Sand bloße Körner sind. Wenn wir etwas Sand durch ein starkes Vergrößerungsglas betrachten, so erscheinen die Körner weit größer, als sie in Wirklichkeit sind, in der Tat so groß, daß man sie eher für Kieselsteine als für Sandkörner halten könnte. Man kann dann sehen, daß jedes Korn ein abgeriebener, abgerundeter Stein ist, manchmal mit kleinen Furchen und Höhlungen, gerade wie bei einem Kieselstein. Je länger wir in dieser Weise den Sand betrachten, desto bestimmter finden wir, daß Sand und Kies nur verschiedene Zustände eines und desselben Gesteins sind. Es ist sogar leicht, eine Reihe von Proben zu sammeln, die jede Abstufung vom feinsten Sand bis zu grobem Kies aufweist. An der Meeresküste oder an den Ufern eines schnell fließenden Stromes finden wir oft innerhalb weniger Schritte den feinsten Sand sowohl wie groben Kies und zentnerschwere Felsblöcke. Wie kommt es nun, daß alle diese kleinen oder großen Bruchstücke sich loslösten, daß sie ferner so rund und glatt geschliffen und da aufgehäuft wurden, wo wir sie jetzt finden?

57. Zur Beantwortung dieser Frage wollen wir auf die Berge steigen und beobachten, was an den Quellen der Bäche vorgeht. Wo die Gesteine hart und fest sind, da erheben sie sich aus den Bergabhängen als hoch emporragende Felsen, zwischen denen die kleinen Bäche von

Vorsprung zu Vorsprung plätschern, ehe sie sich unten in den Tälern zu größeren Strömen vereinigen. Die Felsen sind voller Risse; große Blöcke drohen jeden Augenblick herabzustürzen und die Abhänge sind von Felsblöcken übersät, die bereits herabgefallen sind. Das Gestein ist vom Regen und Frost zerklüftet und verwittert. Wie dies geschieht, darüber belehrt uns die physikalische Geographie (Abschn. 133—147). Jetzt aber haben wir einige Folgen der Verwitterung zu erwägen.

58. Zur genauen Unterscheidung suchen wir eine besondere Felswand heraus, deren Gestein von lebhafterer Farbe, z. B. rot ist und sich dadurch von dem benachbarten Felsen unterscheidet. Sie erhebt sich schroff aus einem steilen Abhang hoch über dem kleinen Bach, der in der Ferne einem sich durch grüne Wiesen windenden Silberfaden gleicht. Unsere Felswand ist im Laufe der Zeit stark verwittert. Der Regen und Frost von Jahrhunderten hat an ihren Abhängen tiefe Risse und Furchen ausgehöhlt. Wenn nasses Wetter eintritt, wird jede dieser Furchen zum Kanal eines schäumenden Stromes, der jäh hinunterstürzt und jedes lockere Steinchen oder Erdstückchen in seinem Bereich hinnegschwemmt.

59. Könnten wir an der Felswand entlang klettern, um in eine dieser vom Frost ausgehöhlten und vom Strom ausgeschwemmten Furchen zu blicken, so würde sich uns ein Anblick völliger Zerstörung darbieten. Der Grund dieser Klüfte ist mit Felsblöcken aller Größen bedeckt, die von beiden Seiten herabgestürzt sind. Auch am Fuß der Felswand und den Abhang hinunter bis auf einige Entfernung liegen Felsentrümmer zerstreut umher. Wir können keinen Augenblick zweifeln, daß all das abge-

bröckelte Gestein einst einen Teil der Felswand selbst bildete, daß es sich im Laufe vieler Jahrhunderte unter dem Einfluß der Witterung loslöste und daß die Felswand demgemäß langsam zurückweichen muß. Wenn die zahllos umherliegenden Felsstücke wieder an ihren früheren Platz zurückgebracht werden könnten, so würden viele Spalten und Klüfte unserer Felswand ausgefüllt werden.

60. Aber nur ein kleiner Teil der von der Felswand losgelösten Schuttmasse bleibt an ihrem Fuße liegen. Der größere Teil ist verschwunden, und wir müssen nun untersuchen, wie dies vor sich gegangen ist. Der Abhang führt uns hinunter zu dem kleinen Bach, dessen Bett mit Stücken von unserer Felswand angefüllt ist. Wir wollen am Bache entlang gehen und sein Bett sorgfältig beobachten. Die am Bergabhang umherliegenden Steine sind mehr oder weniger kantig. Aber diejenigen im Bach sind alle weniger rauh und scharfkantig. Je weiter wir dem Bach in das Tal hinunter folgen, um so mehr verschwinden die scharfen Kanten der Steine in seinem Bett. Wir finden nicht mehr so viele große Blöcke von dem roten Stein, und die, welche wir sehen, sind abgerundeter und abgenutzter, als sie unweit des Felsens waren. Sie sind geglättet und abgeschliffen, die Ecken sind abgestumpft und viele Steine sind ganz gerundet. Noch weiter abwärts im Tal sehen wir, daß die Felsstücke zu Kieseln zerkleinert sind, die hier und dort am Ufer abgelagert werden. Je weiter wir dem Lauf des Stromes folgen würden, um so besser sähen wir, wie die Kiesel immer feiner und zuletzt zu Sand würden. Und wenn wir etwas von dem Sand unter einem Vergrößerungsglas betrachteten, würden wir finden, daß er zum

Teil aus mehr oder weniger runden Körnchen von demselben roten Stein besteht, den wir in allen Größen bis zu unserm Felsen weit oben in den Bergen verfolgen können.

61. Wie geht es nun zu, daß der Stein auf diese Weise abgenutzt wird? Warum sollte das Liegen auf dem Grunde eines Baches ihn kleiner machen? Wenn wir den Strom nur bei schönem Wetter, wo das Wasser niedrig und die Strömung schwach ist, beobachten, können wir kaum über die wahre Macht des Wassers urteilen. Wir wollen zurückkehren, wenn heftige Regengüsse jede

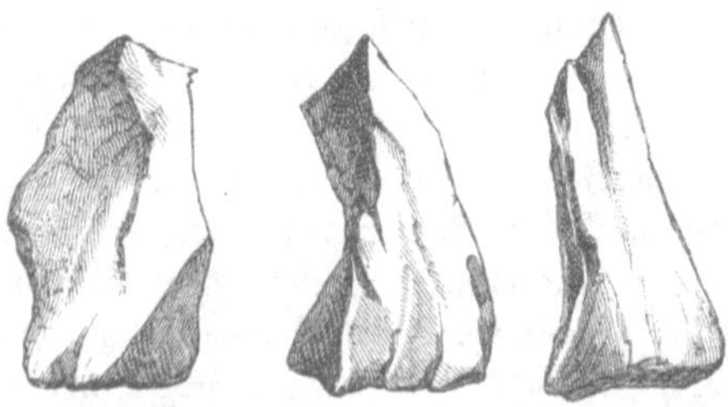

Fig. 6. — Steine, die durch Regen oder Frost von einem Felsen losgelöst worden und in einen Bach gerollt sind.

Rinne der Berge mit einem schäumenden Strom gefüllt haben, und wenn jeder kleine Bach jäh in das Tal hinunterstürzt, sein Bett bis zum Rande füllend und sogar über dasselbe hinaustretend. Wir können die Steine auf dem Grunde nicht sehen; wenn wir aber lauschen, so hören wir sie. Das laute Dröhnen, das hie und da aus dem Wasser tönt, wird durch das Aneinanderstoßen der Steine verursacht, wenn sie vom rauschenden Wasser weitergetrieben werden. Sie werden wie in einer Mühle zermahlen. Selbstverständlich werden ihre Ecken abgestoßen und die Seiten geglättet, während sie zur selben Zeit die Steine der Rinne, durch welche sie getrieben werden, glätten und abschleifen.

62. Die Felstrümmer fallen als eckige Blöcke von den Bergabhängen in die Bäche. Aber nachdem sie eine Strecke im Bach weitergeschwemmt worden sind und die Reibung mehrerer Hochwasser durchgemacht haben, sind die scharfen Kanten mehr oder weniger verschwunden,

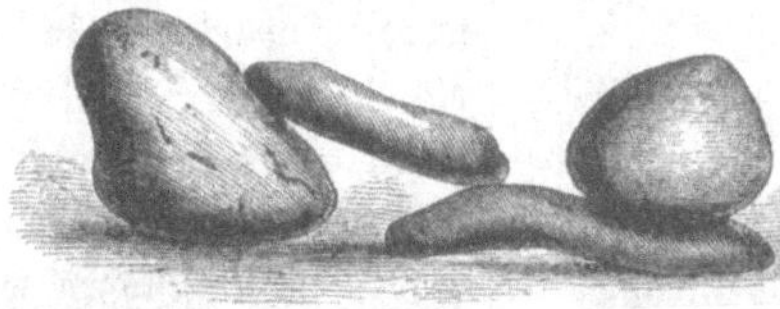

Fig. 7. — Steine von demselben Felsen, nachdem sie im Bett des Baches eine Strecke fortgetrieben worden sind.

bis sie zuletzt, nach einer Wanderung von wenigen Kilometern, wozu aber vielleicht mehrere Jahre nötig sind, als abgerundete Kiesel erscheinen (Fig. 7). Ein

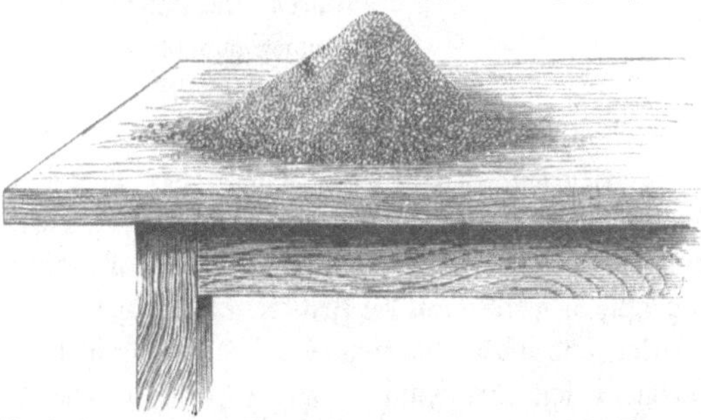

Fig. 8. — Ein Haufen Sand, aus Steinen von demselben Felsen bestehend, die noch weiter im Bett des Baches fortgeschwemmt worden sind.

runder Stein kommt natürlich leichter und schneller vorwärts, als ein eckiger, wird aber schließlich zu bloßem Sande zerrieben (Fig. 8).

63. So sehen wir, daß, wenn die Steine runder werden, sie auch in gleichem Maße an Größe abnehmen. Und sie schleifen nicht nur sich gegenseitig ab, sondern auch den Boden und die Seiten des Baches. Eine ganze Menge Steine muß folglich zu Sand und Schlamm zerrieben werden.

64. Die feineren Teilchen, die leichter fortbewegt werden, wandern viel weiter als die groben Stücke. Hieraus folgt, daß, während die Kiesel und der grobe Sand auf dem Boden weitergestoßen werden, der feine Sand und Schlamm im fließenden Wasser schweben und viele Meilen schweben können, ehe sie langsam zu Boden sinken, um einen Niederschlag von Schlamm oder Lehm zu bilden (Fig. 9).

Fig. 9. — Ein Glas Wasser, aus demselben Bach zur Überschwemmungszeit geschöpft, um zu zeigen, wie die feinen, von demselben Felsen losgelösten Teilchen sich als Niederschlag von Schlamm auf dem Boden absetzen.

65. Aus dem Vorhergehenden sehen wir, daß in den höher gelegenen Teilen eines Landes das Bett des Flusses mit großen Felsblöcken und einer Menge groben, kantigen, eckigen Felsschuttes übersät ist; alle diese Gegenstände werden mit der Zeit zerrieben und erreichen das Flachland und das Meer nur als Sand oder Schlamm. Da die Bäche und Flüsse immer fließen, so schaffen sie auch immer die zerstörten Bestandteile der Berge weiter. So schnell sie diese aber auch fortbringen, die Berge verwittern immer weiter und führen den Bächen immer neuen Stoff zu, so daß die Menge von Kieseln und Sand, die im Laufe eines Jahres von verhältnis=

mäßig kleinen Strömen zermalmt werden, ungeheuer groß sein muß. Wenn wir ferner an die große Anzahl Flüsse denken, die in allen Ländern diese gleiche Arbeit verrichten, so wird uns klar, daß das Festland einer beständigen, großen Zerstörung ausgesetzt ist, und daß der Meeresboden fortwährend ungeheure Mengen von Sediment empfängt. (Physikal. Geographie, Abschn. 244.)

66. Aber nicht nur im Bett der Bäche und Flüsse können wir beobachten, wie die härtesten Steine zu Kies und Sand zermahlen werden. Noch deutlicher spielt sich dieser Vorgang an felsigen Stellen der Meeresküste ab. Wenn sich eine Klippe am äußersten Rande des Gestades erhebt, sehen wir sofort, welche Teile den Wellen ausgesetzt sind und welche außer ihrem Bereich liegen. Oben, wo bloß Regen, Frost oder Quellen eingewirkt haben, ist der Felsen rauh und zerklüftet. (Phys. Geogr., Abschn. 143, 144.) Aber am Fuße sind die Felsen glatt geschliffen, wie die Steine in einem Gebirgsbach. Was hat nun den Fuß der Klippe geglättet, während die höheren Teile rauh und zerbröckelt geblieben sind? Die Wellen haben es getan. Mit dieser Antwort lernen wir den Anteil kennen, den das Meer an der Zerstörung des Landes nimmt.

67. Ungeheure Stücke von dem durch das Wetter zerklüfteten Felsen sind losgelöst worden und auf den Strand hinuntergefallen, andere können jeden Augenblick nachstürzen. Sie haben sich augenscheinlich in derselben Weise und aus den gleichen Ursachen losgelöst, wie diejenigen an unserem Felsen in den Bergen (Abschn. 58—65). Betrachten wir die herabgefallenen Blöcke genauer, so sehen wir, daß gewöhnlich nur die ihre scharfen Ecken behalten haben, die am Fuß der Klippe liegen und noch nicht

von den Wellen bewegt wurden. Weiter unten sind die Blöcke schon mehr oder weniger rund, während nahe an der Wasserlinie das Ufer mit abgerundeten und geglätteten Steinen jeder Größe bedeckt ist.

68. An einem ruhigen Tag, wenn sich nur kleine Wellen an der Küste kräuseln, kann man nicht leicht beurteilen, was das Meer an den Ufern und dem Fuße der Klippen zu zerreiben vermag, ebensowenig, wie wir uns einen richtigen Begriff von der Tätigkeit eines Baches machen konnten, solange wir ihn nur zur Zeit der Trockenheit langsam dahinschleichen sahen. Stellen wir uns aber einmal während eines Sturmes in die Nähe der Klippe, dann zweifeln wir nicht mehr an der Macht der Wellen, selbst die härtesten Steine zu zermalmen. Jede starke Brandung, die sich schäumend und brausend an der Küste bricht, hebt die umherliegenden Steine auf und schleudert sie gegen den Fuß der Klippen. Während das grüne, tosende Wasser zurückweicht, um der nächsten Welle Platz zu machen, können wir selbst auf Stunden Entfernung das laute Rauschen der Kieselsteine vernehmen, wenn sie sich zerreiben und zermahlen, indem sie das Ufer hinabgerollt werden, bis von neuem eine Welle sie erfaßt, sie wieder hinauftreibt und gegen die Klippe schleudert. Wir könnten uns keine gewaltigere Mühle erdenken, um Felsen zu zertrümmern und die Bruchstücke in Kiesel und Sand zu verwandeln. (Physikal. Geographie, Abschn. 235—237.) Gerade wie im Bett jedes Stromes, so begegnen wir auch an allen Küsten des Meeres Felsentrümmern vom Lande in jedem Zerstörungsgrad, vom größten scharfkantigen Block bis zum feinsten Sand und Schlamm.

69. Wenn man nun die Frage wiederholt: „Wie entstehen Sand und Kies?“ so können wir antworten: „Sand und Kies sind Gesteinstrümmer, die von der Landoberfläche abgelöst und im bewegten Wasser zermahlen worden sind.“ Bestandteile, die auf diese Weise glatt und klein gerieben wurden, nennen wir vom Wasser zerrieben. Wir sehen aber, daß sie eigentlich nicht das Wasser zerreibt. In Wahrheit schleifen sie sich gegenseitig ab, während sie das Wasser nur in Bewegung erhält.

III. Wie Kies, Sand und Schlamm zu Sedimentär-Gesteinen werden.

70. In der Untersuchung über das Wesen und die Entstehung der Sedimentär-Gesteine sind wir jetzt so weit vorwärtsgedrungen, daß wir wissen, woher die Bestandteile dieser Gesteine stammen. Die weitere Frage: „Wie haben sich diese Bestandteile abgesetzt und zu einem Stein verhärtet?“ ist noch zu beantworten. Wie früher, müssen wir auch diese Frage dadurch lösen, daß wir unsere Umgebung beobachten. Indem wir wieder zu den Bächen, Flüssen und dem Meere zurückkehren, finden wir auch für diese Frage eine ausreichende Erklärung.

71. Das Wasser fließt über einen steilen Abhang viel schneller als über einen sanft abfallenden, die schnellere Strömung verleiht ihm eine größere Gewalt. Wenn wir Steinchen von verschiedener Größe in einen Kübel voll Wasser tun, so sehen wir, je nachdem wir den Kübel schnell oder langsam an dem einen Ende aufheben, daß sie viel schneller vom stark als vom langsam fließenden Wasser hinuntergeschwemmt werden. Je größer die Schnelligkeit eines Stromes, desto größer

ist seine Kraft, einen Gegenstand fortzubewegen. Die Schnelligkeit hängt hauptsächlich von dem Gefälle ab; sie ist groß bei starkem Gefälle und gering bei schwachem. Da aber die verschiedenen Ströme und sogar die verschiedenen Strecken desselben Stromes ein verschiedenes Gefälle aufweisen, so ist es klar, daß ein großer Unterschied in der Größe und dem Gewicht der Gesteinstrümmer bestehen muß, die sie fortbewegen können.

72. Solange ein Strom schnell fließt, sinken Kies, Sand und Schlamm nicht zu Boden. Wir erinnern uns, daß, als wir jeden dieser Bestandteile in Gläser brachten und das Wasser in schnelle Bewegung versetzten, sie im Wasser schwebend blieben und erst zu Boden sanken, als das Wasser ruhig wurde; zuerst der Kies, dann der Sand, zuletzt der Schlamm. (Abschn. 45—47.) Dasselbe geht in allem fließenden Wasser der Erde vor. Ein reißender Strom nimmt nicht nur Sand und Schlamm, sondern auch die Kiesel eine große Strecke mit sich fort. Wenn die Schnelligkeit der Strömung nachläßt, sinken zuerst die Kiesel als Absatz zu Boden, der Sand wird noch weiter fortgetragen und sinkt langsamer, während der Schlamm lange Zeit mit dem Wasser wandert und nur mit der äußersten Langsamkeit auf den Grund sinkt.

73. Prüfen wir die Wahrheit dieser Angaben an dem felsigen Bett eines Baches und zwar nahe seiner Quelle. Wir wollen an eine Stelle gehen, wo das Wasser über Felsen hinabstürzt und Kraft genug besitzt, selbst große Blöcke und Steine mit fortzureißen. Etwas weiter unten ist das Bett weniger steil und die Strömung nicht mehr so stark; da wollen wir auf den Grund des

Baches blicken. Ist er mit feinem Schlamm bedeckt? Gewiß nicht; wir sehen nur große Steinblöcke und grobe Kiesel. Dieselben sind gesunken, nachdem die Kraft des Wassers nachgelassen hatte, weil es einen Lauf von geringerem Gefälle genommen. Doch hat es immer noch Kraft genug, die feineren Trümmer der Gesteine mitzunehmen. Wir müssen bis in die Ebene hinausgehen, um das Bett des Stromes mit Sand bedeckt zu sehen, und noch viel weiter, selbst weit in das Flachland hinein, ehe wir Niederschläge von Schlamm finden.

74. Nachdem wir dies mit unseren eigenen Augen gesehen haben, können wir überzeugt sein, daß, wenn wir irgendwo große Kiesmassen finden, diese Erscheinung auf eine starke Strömung zurückzuführen ist, daß Lagen von Sand auf schwächere Strömung deuten, während Schichten von Schlamm immer anzeigen, daß das Wasser langsam geflossen sein oder ruhig gestanden haben muß, ehe sich der feine Absatz auf dem Grunde sammeln konnte.

75. Jetzt sehen wir, wie wichtig diese Kenntnis für uns wird, um zu untersuchen, auf welche Weise die verschiedenen Gesteine entstanden. Indem wir erkannt haben, wie die verschiedenen Arten von Sediment gebildet wurden, sind wir schon der Ergründung des Ursprungs der Sedimentär-Gesteine weit näher gekommen. Diese Gesteine mögen jetzt hart sein und zum Pflastern der Straßen oder zu Hausbauten verwendet werden; wir haben gelernt, daß die Härte oder Weichheit wenig zu sagen hat, und daß wir nur die Bestandteile eines Steines zu betrachten haben. Wenn wir finden, daß diese Bestandteile durch das Wasser zerriebene Körner von Schlamm, Sand oder Kiesel sind, können wir zu-

versichtlich behaupten, daß sie, so hart auch jetzt der Stein ist, einst als loser, unzusammenhängender Niederschlag im Wasser lagen.

76. Aber wir können noch mehr behaupten. Sobald wir sehen, aus welcher Art von Sediment ein Gestein besteht, wissen wir etwas über die Natur des Wassers, in dem es gelegen hat. Wir erkennen z. B., daß das Konglomerat nichts weiter als fester Kies ist und dürfen bestimmt annehmen, daß es, wie aller Kies, in seichtem Wasser, etwa in einem Flußbett oder an einer Meeresküste, abgesetzt worden ist. Hingegen deutet ein aus feinem Schlamm bestehendes Gestein, wie Schieferton, auf tieferes oder ruhigeres Wasser, bis zu dem nur die feineren Teilchen fortgeschwemmt wurden.

77. Wir haben beobachtet, wie die Trümmer des Festlandes von den Bächen, Flüssen und Wellen zermahlen werden; nun wollen wir ihnen folgen bis zu den Stellen, wo sie sich ablagern können, ohne fortwährend hinweggespült zu werden. Wer die Grundlagen der physikalischen Geographie sich zu eigen gemacht hat, weiß, was aus den von der Erdoberfläche abgelösten Bestandteilen wird. (Vergl. Physikal. Geographie, Abschn. 152 und 186.) Wir haben gelernt, wie sie vom Regen in die Bäche und Flüsse geschwemmt, wie sie dort zermahlen werden und sich schließlich auf dem Grunde des Meeres als feiner Sand und Schlamm ablagern.

78. Diese Anhäufungen von Sedimenten auf dem Meeresboden werden nach und nach zu harten Gesteinsschichten, genau wie die gewöhnlichen Sedimentär-Gesteine, mit denen wir uns bis jetzt beschäftigt haben.

Wir können zwar nicht sehen, was unter dem Meere vorgeht, aber wir können uns durch die Beobachtung der Vorgänge in kleineren, stehenden Gewässern einen Begriff davon machen. Stellen wir uns vor, daß wir einen schlammigen Weg kennen, der sanft nach einer ebenen Gegend abfällt, und daß sich der Regen am Fuße des Abhanges in Lachen und Pfützen sammelt. Wir wählen einen nassen Tag, folgen dem Lauf einer Rinne und bemerken, daß das schmutzige Wasser Sand, Kiesel, Stückchen von Holz oder Papier, kurz alles, was im Wege liegt, mitnimmt; dann halten wir an einer großen Lache, die sich am Wege gebildet hat und in die sich das Wasser ergießt. So lange das Wasser schnell fließt, schwemmt es Kiesel und Sand mit fort. Bei verminderter Schnelligkeit verliert es an Macht und muß einen Teil seiner Last absetzen. Die schwersten Teile fallen zuerst zu Boden, und dies geschieht gerade da, wo der Strom durch das Zusammentreffen mit der Lache gehemmt wird. Was ist nun die Folge? Der Teil der Lache, wo der Strom eintritt, wird nach und nach angefüllt, mit Ausnahme des Kanals, den der Strom sich offen erhält. Wir können sehen, wie diese Zunge von abgesetztem Stoff nach und nach vorrückt und, wenn der Regen lang genug dauert, zuletzt die Lache ganz ausfüllt. Nur der gröbere Sand sammelt sich hier; der feine Schlamm geht weiter; wenn sich auch ein Teil davon zu Boden setzt, eilt doch der meiste an das andere Ende der Lache, weil das Wasser auf dem Wege von einer Seite zur andern nicht Zeit gehabt hatte, sich seiner Last zu entledigen.

79. Wenn der Regen aufgehört hat und kein Wagenrad unsere Lache zerstört, so wird das Wasser allmählich

in den Boden sickern und verdunsten, bis die Vertiefung trocken ist. Nun können wir den Boden in der Lache untersuchen und dasselbe beobachten, was wir sahen, als das schmutzige Wasser sie füllte. An dem oberen Ende ist eine Sandzunge, die durch den Strom angeschwemmt ist; wir erkennen die genaue Form eines Delta. (Physikal. Geographie, Abschn. 185.) Der übrige Teil des Bodens ist mit feinem, schlammigem Absatz oder Sand so weit bedeckt, wie das Wasser reichte.

80. Mit einem Messer machen wir vorsichtig ein Loch oder einen Schnitt in diesen Niederschlag, um zu sehen, aus was er von oben bis unten besteht, und machen so einen Durchschnitt. Das steile Ufer eines Baches, die Wand eines Hohlweges oder eines Steinbruches, die Seite einer Klippe, sind alle Durchschnitte von Gesteinen.

81. Im Mittelpunkt der kleinen Vertiefung hat der vom Regen hineingespülte Sand ungefähr die Höhe von drei Zentimetern erreicht; unter ihm liegt die gewöhnliche Oberfläche des Weges. Was fällt uns zuerst auf, wenn wir den Durchschnitt betrachten, den wir gemacht haben? Sind die Bestandteile ohne Ordnung verteilt? Wenn wir eine Zeichnung von dem Durchschnitt anfertigen würden, bekäme er ungefähr ein Aussehen wie in Fig. 10. Die Bestandteile sind in Lagen geordnet, von denen eine flach über der andern liegt. Einige dieser Lagen sind feiner, andere gröber als die übrigen. Den groben Absatz sehen wir hauptsächlich auf dem Grunde, ferner erkennen wir die Stellen, wo eine stärkere Strömung den Sand über die Lache hinausschwemmte. Als aber der Regen nachließ, wurden die

Bäche auf dem Weg seltener und die Strömungen in der Lache schwächer. Jetzt lagerte sich anstatt groben Sandes feiner Schlamm ab, so daß in der oberen Hälfte die Lagen feiner als in der unteren sind. In dem Sand, Schlamm und Kies können wir Stückchen von Holz, Blättern und Zweigen bemerken (c in Fig. 10), die sich zwischen den Schichten abgelagert haben.

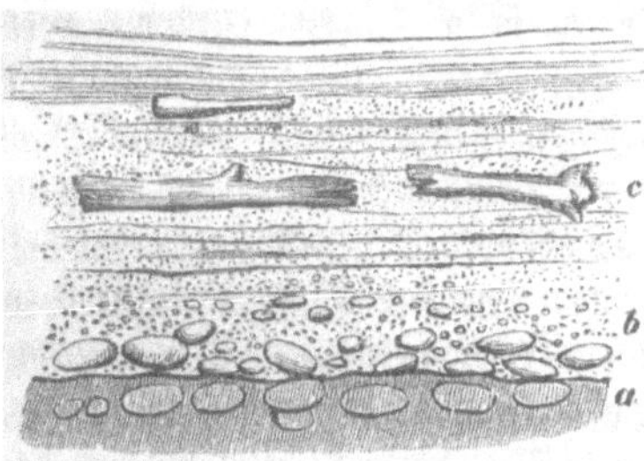

Fig. 10. — Durchschnitt eines Niederschlages (Sediment), der durch Regen in der Lache einer Landstraße entstanden ist. *a* Oberfläche der Landstraße; *b* Schicht von grobem Sand und Bruchstücken anderer Steine; *c* Schicht von feinem Sand mit Strohhalmen, Blättern ꝛc.

82. Man könnte vielleicht glauben, daß derartige Beobachtungen zu unwichtig seien, und daß es wenig Wert habe, zu wissen, was der Regen in einer kleinen Lache am Wege hervorbringt, da wir über die Welt im großen nicht nach dem urteilen sollen, was auf einem so kleinen Stückchen vorgeht. Aber der Maßstab der Naturereignisse ist ganz nebensächlich. Das hohe Ziel, das wir uns bei dem Studium der Naturwissenschaften stecken müssen, ist: die Naturvorgänge mit eigenen Augen zu beobachten. Wir haben selten Gelegenheit, solche in großem Maßstabe zu sehen. Es ist deshalb von größter Wichtigkeit und eine große Er-

mutigung, daß, wenn wir aufmerksam beobachten und verstehen lernen, was, wenn auch in kleinem Maßstab, um uns her vor sich geht, wir tüchtigere Kenntnisse erlangen, als durch das bloße Anstaunen großer Ereignisse, ohne den Versuch einer Erklärung zu machen. Dabei ist noch zu beachten, daß, wenn die Vorgänge in der Natur in einem kleinen Maßstab beobachtet werden können, sie oft leichter ergründet werden und daher für die Zwecke des Unterrichts nützlicher sind, als wenn sie sich im großen Maßstabe zeigen. Deshalb legen wir, indem wir richtig erforschen, was auf dem Boden einer solchen Lache vorgeht, den Grund zur Erkenntnis, wie die Sedimentär-Gesteine auf der ganzen Welt entstehen.

83. Anstatt der Lache stellen wir uns einen großen See, z. B. den Genfer See, vor und statt der spärlichen Rinne auf dem Weg, die nur bei plötzlichem Regen floß und beim Aufhören des Regens versiechte, einen großen Strom, wie die Rhone, die immer durch den Regen und den Schnee und die Quellen einer gewaltigen Gebirgskette gespeist wird. Es mag scheinen, als ob zwischen der Lache und dem See keine Beziehung sei. Wir blicken bewundernd auf den Fluß, wie er so schnell dahinfließt und sein schlammiges, schäumendes Wasser weitertreibt. Wir beobachten seinen Eintritt in den See und sehen, wie eine Welle nach der andern untergeht, und sich schließlich der Fluß mit seinem Brausen ganz in dem ruhigen Wasser des tiefblauen Sees verliert. Ersteigen wir aber einen der Berge, die am oberen Ende zu beiden Seiten des Sees sich steil erheben, und überblicken einige hundert Schritte über der Wasserfläche Fluß und See, so werden wir finden, daß sie uns sehr an unseren Bach

und die Lache auf dem Wege erinnern. Der Boden des Tales liegt wie eine Landkarte zu unseren Füßen ausgebreitet. Die Windungen des Flusses, die grünen Wiesen zu beiden Seiten, die sich wie eine lange Zunge in den See erstrecken, die kleinen Häuser und Dörfer, alle sind durch die Entfernung so verkleinert, daß wir sie mit einem Blick übersehen können. Jene grüne Zunge von Wiesen im oberen Ende des Sees und an beiden Ufern ist das Delta. Es ist auf dieselbe Weise entstanden, wie das kleine Delta in unserer Lache, nur daß zu seiner Bildung, anstatt Stunden, tausende von Jahren nötig waren. Ungefähr 3 Kilometer vom Ufer des Sees entfernt liegt ein kleines Dorf zwischen den flachen Feldern, das vor etwa achtzehnhundert Jahren dicht am Wasser stand und noch heute den Namen Port-Vallais, d. h. Vallais-Hafen trägt. So hat der Fluß sein Delta hinausgeschoben und seit der Römerzeit den See um 3 Kilometer ausgefüllt.

84. Wir können von unserem hochgelegenen Platz aus am oberen Ende des Sees noch weiter beobachten, wie sich der Absatz auf dem Grunde sammelt. Die Rhone ist sehr schlammig, und da der Schlamm hier eine weiße Farbe hat, setzt uns das milchartige Aussehen des Wassers in den Stand, den Eintritt des Flusses in den klaren, blauen See zu verfolgen. Von der Höhe herniederschauend, können wir den schmutzigen Strom noch eine Strecke im See verfolgen, bis er sich mit dem Wasser des Sees vermischt und verschwindet.

85. Hierauf wollen wir zu dem unteren Ende des Sees gehen und dort Beobachtungen machen, wo das Wasser abfließt. Sehen wir noch eine Spur von Schlamm?

Nein, unsere Augen sahen noch nie ein klareres, blaues Wasser, als das, welches schäumend und rauschend unter den Brücken von Genf dahinfließt. Was ist nun aus dem Schlamm geworden, den wir vom Fluß in den See tragen sahen? Er hat sich völlig auf dem Grunde abgesetzt. Tag für Tag, Jahr für Jahr, Jahrhundert für Jahrhundert sinkt der Schlamm durch das Wasser auf den Grund, und es wird immer wieder neuer Schlamm durch den ruhelosen Strom hinzugetragen.

86. Wenn wir alles Wasser aus dem See ablenken könnten, würden wir den Boden mit Schichten von Sediment bedeckt finden. Der gröbere Absatz — Kies — würde sich am oberen Ende finden, da wo sich der Strom in den See ergießt, ebenso auch an den Seiten, wo kleine reißende Bergwasser in den See fallen. Der feinere Absatz, Sand und Schlamm, würde dagegen die übrigen Teile des Seebodens bedecken. Gegen das obere Ende des Sees hin müßten natürlich die Ablagerungen am dicksten sein.

87. Wenn wir diese Ablagerungen durchbohren würden, fänden wir sie an manchen Stellen vielleicht mehr als 30 Meter dick; aber überall würden wir dieselbe Anordnung in wagerechten Schichten finden, die wir in der Pfütze bemerkten. Und wie oft auch Sand, Schlamm und Kies von oben bis unten aufeinander folgten, so fänden wir sie immer in Schichten oder Lagen übereinander liegen.

88. Der Genfer See ist viele tausend mal größer als unsere kleine Lache, und dennoch ist er selbst nur eine Lache im Vergleich mit dem großen Meere. An der Meeresküste, wo ein großer Fluß mündet, überzeugen

wir uns, daß die bloße Größe die Art der Arbeit, die der Fluß und das Meer verrichten, nicht ändert. Der Fluß führt dem Meere fortwährend große Massen von Sand und Steinen zu. Wir können dem schlammigen Flußwasser eine Strecke von der Küste folgen, bis der Schlamm zu Boden sinkt und es im Meerwasser verschwindet. Auf diese Weise empfängt der Meeresgrund von der Küste weit hinein fortwährend neue Ladungen von Sand und Schlamm, die vom Lande weggewaschen worden sind. Der oberste Teil dieser Ablagerungen liegt zur Ebbezeit trocken. Wir können hineingraben, wo sie die Küste bilden, und werden dabei dieselbe Anordnung in Schichten wahrnehmen, wie in der Lache und im See.

Fig. 11. — Schichtung (Stratifikation) von Sedimentär-Gesteinen. *a* Konglomerat. *b* Sandstein. *c* Schieferton.

89. Durch diese verschiedenen Beobachtungen und die Schlüsse, die wir aus ihnen ziehen, kommen wir nach und nach zu der Überzeugung, daß die Haupteigentümlichkeit der sedimentären, unter dem Wasser abgesetzten Lager darin besteht, daß sie keine zufälligen Schutthaufen

sind, sondern in getrennten, regelmäßigen Lagen übereinander liegen. Diese Art der Bildung nennt man Schichtung und die auf diese Weise geordneten Sedimente geschichtet. Sie ist so bezeichnend für die sedimentären Gesteine, daß man sie auch oft geschichtete Gesteine nennt.

90. Die Flächen von Sand, Kies oder Schlamm, die wir an der Meeresküste oder an dem Ufer eines Landsees sehen, bestehen aus getrennten oder losen Teilen. Sandstein, Konglomerat, Schieferton oder irgend ein anderes Sedimentär-Gestein ist gewöhnlich mehr oder weniger hart oder fest. Wie ist dieser Unterschied zu erklären? Wir wissen ganz genau, daß die Steine, trotz ihrer jetzigen Härte, früher auch nur loses Sediment waren, das unter dem Wasser auf dieselbe Weise entstand, wie Niederschlag überall noch heutigentags entsteht. Wie wurde es nun zu einem harten Stein?

91. Wenn wir etwas Schlamm nehmen und ihn unter ein Gewicht bringen, welches das Wasser herauspreßt, so werden wir finden, daß er fester wird. Wir können ihn also durch Druck härten. Schütten wir ferner Sand in Wasser, das mit Kalk (einem Bestandteil des Kalksteines und der Kreide) gesättigt ist oder mit irgendeinem Mineral, das in Wasser aufgelöst werden kann, so bemerken wir, daß, wenn das Wasser langsam verdunstet, sich der aufgelöste Stoff um die Sandkörner festsetzt und sie miteinander verbindet. Wenn wir dieses Verfahren lange genug fortsetzten, indem wir das verdampfte Wasser durch neues von derselben Art ergänzten, so könnten wir den lockern Sand in einen festen Stein verwandeln. In diesem

Falle würde die Erhärtung des Sediments zu Stein durch einen Vorgang, den wir Einsickerung (Infiltration) nennen, hervorgebracht sein.

92. Auf die eine oder andere dieser Arten sind die meisten Sedimentär-Gesteine in den Zustand der Erhärtung versetzt worden, in dem wir sie jetzt sehen. Wenn Sand oder Schlamm übereinander getürmt sind und zwar in Schichten von hunderten oder tausenden von Metern Dicke, so preßt sie das ungeheuere, auf ihnen lastende Gewicht zu einer festen Masse, während die einzelnen Teilchen vielleicht durch einen mineralischen Stoff zusammengekittet werden, der sich mit ihnen aus dem ursprünglichen Wasser abgelagert hat oder auch aus Wasser, das nachträglich in die Schichten eingesickert ist.

93. Fassen wir nun alle Einzelheiten zusammen, so beschreiben wir das Sedimentär-Gestein folgendermaßen: „Sedimentär-Gestein ist aus Sediment oder Niederschlag gebildet, der von den Trümmern älterer Felsen herstammt und sich im Wasser ablagerte. Es zeigt gewöhnlich die geschichtete Anordnung, welche für die im Wasser gebildeten Niederschläge bezeichnend ist. Nach seiner ursprünglichen Ablagerung ist es gewöhnlich durch Druck oder Einsickerung zu Gestein verhärtet worden."

IV. Wie erklärt sich das Vorkommen von Überresten der Pflanzen und Tiere in den Sedimentär-Gesteinen?

94. Obgleich die Sedimentär-Gesteine nur aus Kies, Sand und Schlamm bestehen, enthalten sie doch oft noch die Überreste früherer Pflanzen und Tiere, die für

die Geologie von höchster Wichtigkeit sind. Auf den auf den folgenden Seiten abgebildeten Stücken Schieferton (Fig. 12 und 13) bemerken wir z. B. gewisse Gegenstände, die von den gewöhnlichen Bestandteilen des Sedimentär-Gesteines sehr verschieden sind. Es sind dies organische Überreste oder Fossilien.

95. Es ist klar, daß das Vorkommen solcher Gegenstände unser Interesse an den Sedimentär-Gesteinen

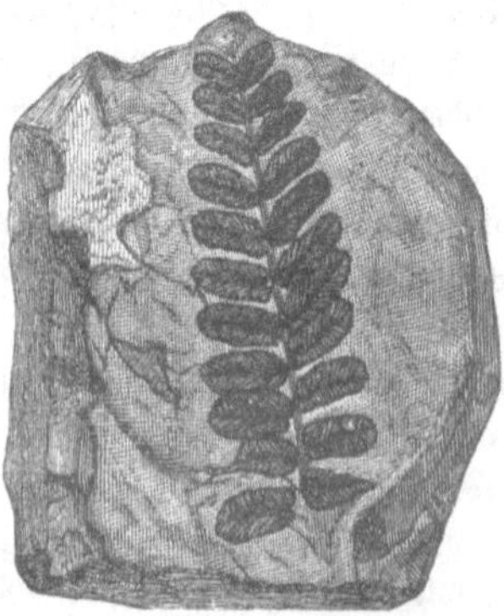

Fig. 12. — Ein Stück Schieferton mit dem Bruchstück eines versteinerten (fossilen) Farrenkrautes.

erhöhen muß. Wie gelangten sie in das Gestein und welches Licht werfen sie auf die Entstehung desselben? Das in Fig. 12 abgebildete Gestein ist nur ein Stück gewöhnlicher Schieferton, der aus denselben Bestandteilen zusammengesetzt und auf demselben Weg der Schichtung entstanden ist, wie unser früheres Stück desselben Gesteins (Fig. 5). Auf den ersten Blick erkennen wir in dem auf der Oberfläche eingebetteten Gegenstand eine Pflanze. Bei genauerer Prüfung, wenn wir das zarte Geäder der Wedel verfolgen, können wir nicht zweifeln, daß, obgleich es jetzt nicht mehr weich und grün ist, es doch einst ein lebendes Farrenkraut war. Es ist in einen schwarzen Stoff verwandelt worden, den wir als eine Art Kohle erkennen. Kleine Bruchstücke und Lagen von demselben kohlenartigen Stoff können wir im ganzen Stück Schieferton finden. Wenn wir ein wenig davon abschaben und es auf einer Messerspitze in eine Flamme halten, finden wir, daß wir die schwarzen Teilchen verbrennen können, während die Körner von Sand und Schlamm zurückbleiben. Diese Teile und Lagen sind natürlich nur Blätter und Stückchen von verschiedenen Pflanzen, die zur selben Zeit in dem Stein eingebettet wurden, wie die größeren, besser erhaltenen Farrenkräuter. Wie kommen nun die Pflanzen in den Stein hinein?

96. Um zu verstehen, wie dies geschah, müssen wir uns wieder zu den Erscheinungen wenden, die jetzt in der Natur vorgehen. Wir erinnern uns, daß, als wir den kleinen Bach beobachteten, der den Weg hinunterströmte (Abschn. 78), derselbe öfters Stückchen Stroh, Papier oder andere Dinge mit fortschwemmte. Einige davon schwammen in den nächsten Graben, andere sanken aber auf den Grund der Lache. In dem Durchschnitt, den wir dort machten (Fig. 10), finden wir zwischen dem Sand Grashalme, Holzschnitzel, Blätter usw. Diese Gegenstände liegen flach zwischen den dünnen Lagen von Sediment; denn das ist die Stellung, welche sie natürlich annehmen mußten, als sie zu Boden sanken. Der Regen kann also Blätter und Stückchen von Pflanzen hinwegschwemmen und sie in die Lache sinken lassen,

wo sie zwischen dem Schlamm geschichtet, d. h. zwischen die Lagen gelegt und von diesen bedeckt werden.

97. Auch an dem Ufer oder an der Mündung eines Flusses können wir bemerken, daß Blätter, Zweige u. dergl., die vom Flusse mitgeschwemmt wurden, schließlich auf den Grund sinken, um dort nach und nach von der wachsenden Ansammlung von Sand und Schlamm bedeckt zu werden. Wenn wir eine dieser Ablagerungen längs eines Ufers abgraben, so finden wir oft Lagen von Blättern und Zweigen, die in derselben geschichteten Weise geordnet sind, wie das Sediment unter und über ihnen. Solche Ablagerungen von fortgeschwemmten Pflanzenteilen bilden oft einen großen Teil der Anhäufungen, aus denen das Delta eines Flusses besteht.

98. Ehe aber die Blätter, Zweige oder Baumstämme so mit Wasser gesättigt sind, daß sie untersinken, können sie weit ins Meer hinausgetragen werden. Oft schwimmen sie in der Tat eine weite Strecke von der Küste, ehe sie zu Boden fallen und in dem Schlamm und Sand begraben werden. Hieraus folgt, daß sowohl im Bett eines Flusses wie auf dem Grunde der Seen oder des Meeres fortwährend Überreste von Landpflanzen auf die sedimentären Schichten fallen, die sich an den betreffenden Stellen ansammeln.

99. Nun wird uns klar, wie es kommt, daß Stücke von Farrenkräutern oder anderen Landpflanzen sich im Innern eines so festen Steines wie unser Stück Schieferton finden. Der Stein, obwohl jetzt so fest, war einst bloßer Niederschlag, der sich unter Wasser ablagerte, nud die Pflanzenteile wurden von dem Platz, auf dem

sie wuchsen, hinweggeschwemmt, bis sie zuletzt in dem Niederschlag begraben wurden. Als sich der Schlamm zu Schieferton verhärtete, veränderte sich die Pflanze immer mehr, bis sie zuletzt zu Kohle wurde. In einem späteren Abschnitt werden wir lernen, daß die Steinkohle von einer früheren Pflanzenwelt stammt, die unter großen Massen von Sediment begraben und allmählich zu dem schwarzen und glänzenden Stoff wurde, der uns als Brennmaterial wohl bekannt ist.

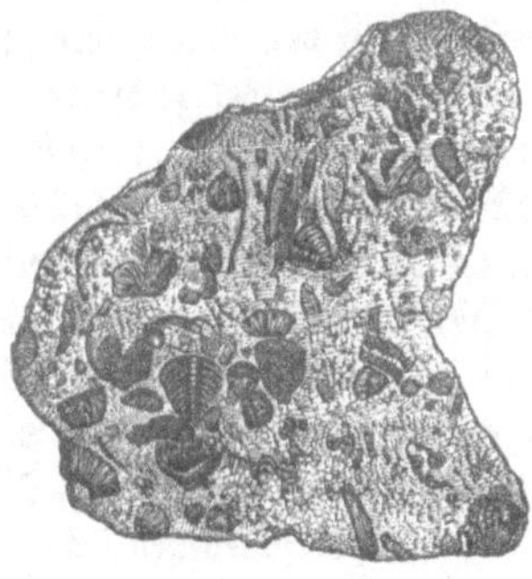

Fig. 13. — Ein Stück Schieferton mit Tierresten.

100. Nicht allein Pflanzen kommen jedoch im Sedimentär-Gestein eingebettet vor. Fig. 13 z. B. zeigt uns ein Stück Schieferton, in dem wir eine Anzahl von Muscheln und andere Tierreste finden, hauptsächlich Trilobiten. Letztere sind kleine Seetiere, die zu derselben großen Klasse gehören, wie unsere Krebse. Um die Frage zu beantworten, wie diese Tiere hier ihr Grab fanden, müssen wir uns vergegenwärtigen, was heutigentags auf dem Meeresgrunde vorgeht.

101. Wer jemals in die kleinen Lachen von Seewasser geblickt hat, die zur Zeit der Ebbe auf der felsigen Küste zurückbleiben, weiß, wieviel Leben darin ist. Büschel von Seegras breiten sich an einer Stelle aus, während an einer andern in den schönsten Farben prangende Seeanemonen erscheinen, Strandschnecken und Tellerschnecken hängen an der Seite, und unten auf dem Grunde sehen wir kleine Krabben kriechen. Außerdem bewegen sich noch viele Tiere hin und her, deren Namen wir gar nicht wissen. Bei genauerer Betrachtung sehen wir, daß einige der Muscheln auf dem Boden leer sind; die einst darin lebenden Tiere sind tot; zerbrochene Stücke von andern gestorbenen Tieren liegen ebenfalls umher.

102. Selbstverständlich dürfen wir nicht annehmen, daß der ganze Meeresboden dem der Lache auf dem Strand gleicht. In der Lache sind Tiere und Pflanzen, die längs der Küste oder an seichteren Stellen des Meeres vorkommen, während den tieferen Stellen wieder andere Pflanzen und Tiere eigentümlich sind. Obgleich diese lebenden Wesen auf den verschiedenen Teilen des Meeresbodens oft verschieden sind und hie und da auf nackten Stein-, Sand- oder Kiesstellen ganz fehlen, so gleicht derselbe dennoch dem Boden der Lache in der Beziehung, daß er im allgemeinen von lebenden Tieren und den Resten toter wimmelt. Daher müssen die Niederschläge von Sand und Schlamm, die sich auf dem Grund sammeln, viele Überbleibsel dieser Tiere enthalten.

103. Wenn also die Reste von Pflanzen und Tieren in den von Tag zu Tag wachsenden Anhäufungen von Sedimenten auf dem Grunde der Seen oder des Meeres begraben werden, können wir sicher sein, daß dasselbe

auch in früheren Zeiten der Fall war, und daß Sedimentär-Gesteine, die ja nur der verhärtete, sedimentäre Boden früherer Seen oder des Meeres sind, Reste von Pflanzen und Tieren enthalten müssen. Daß dies in vollem Maße der Fall ist, wissen alle diejenigen Leser dieses Büchleins, die bereits Proben von Sandstein, Schieferton und anderen Sedimentär-Gesteinen gesammelt haben, in denen man oft Überreste von ebenso vielen Tieren findet, als jetzt den Boden des Meeres bevölkern. Um zu dem in Fig. 13 abgebildeten Stück Schieferton zurückzukehren, so dürfen wir jetzt annehmen, daß es sich ursprünglich als feiner Schlamm auf dem Meeresgrunde abgelagert, und daß es in diesem Zustande die Überreste der Tiere und Pflanzen in sich aufnahm und bewahrte, die im Meere lebten und starben.

V. Ein Steinbruch und was er uns lehrt.

104. In den vorhergehenden Abschnitten haben wir gelernt, was Sediment ist, wie verschiedene Arten von Sediment unter dem Wasser zu Sedimentär-Gesteinen wurden, und wie sie Pflanzen und Tierreste enthalten können. Nun wollen wir versuchen, diesen Gesteinen einige Fragen vorzulegen und sehen, wie sie ihre eigene Geschichte erzählen. Vieles kann man in Steinbrüchen und Schluchten oder an einer steilen Meeresküste lernen, kurz, von jeder künstlichen oder natürlichen Bloßlegung einer Reihe von sedimentären Schichten. Zum Zwecke der Veranschaulichung wollen wir uns z. B. in den auf Fig 14 dargestellten Steinbruch hineinversetzen.

105. Was fällt uns gleich beim Eintritt in den Steinbruch in die Augen? Die **Schichtung** der Gesteine. Sie sind in Lagen übereinander gebaut, in der geschichteten Ordnung, die wir bei dem im Wasser als Niederschlag abgelagerten Gestein so bezeichnend fanden. (Abschn. 89.)

106. In zweiter Linie bemerken wir, daß die Schichten nicht nur in ihrer Dicke und Farbe sich voneinander unterscheiden, sondern auch in ihren Stoffen. Natürlich

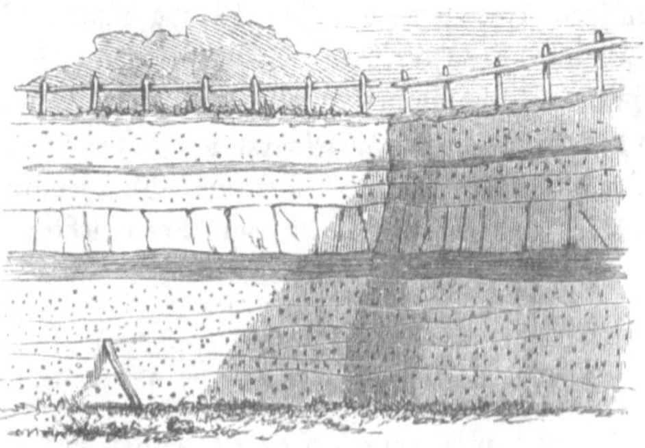

Fig. 14. — Ein Steinbruch im Sedimentär-Gestein.

stimmen nie zwei Steinbrüche in diesen Punkten überein. In dem unsrigen bestehen einige Schichten aus feinem Konglomerat (auf der Zeichnung durch kleine Kreise und Punkte angedeutet), andere aus verschiedenartigem Sandstein (durch kleinere Punkte bezeichnet), wieder andere aus mancherlei Arten von Schiefer oder Ton (durch wagerechte Striche angezeigt). Diese **Schichten** lagern ohne bestimmte Reihenfolge übereinander, gerade wie Kies-, Sand- und Schlammschichten in dem Delta eines Flusses abwechseln.

107. Drittens haben wir herauszufinden, welche von den Schichten die älteste ist. Natürlich muß die unterste Schicht im Steinbruch am ältesten sein, weil sie jedenfalls vor den darüberliegenden abgesetzt wurde. Die unterste Schicht mag genau von demselben Material und derselben Dicke wie eine oder mehrere der andern sein und kann ihnen so sehr gleichen, daß wir nicht imstande sind, einen Unterschied herauszufinden, wenn wir jede allein sehen. Die Tatsache jedoch, daß sie übereinander liegen, beweist, daß sie nicht zu demselben Lager gehören, sondern nacheinander zu verschiedenen Zeiten entstanden sind. Diese Anordnung der einzelnen Schichten in der Reihenfolge, wie sie gebildet wurden, heißt Schichtenfolge.

108. In einem Steinbruch, wie der auf dem Holzschnitte abgebildete, ist diese Anordnung sehr einfach, aber dies ist nicht immer der Fall; denn oft sind die Gesteine teilweise durch die Erde verdeckt, und viel Mühe und Geduld gehört dazu, um die wahre Reihenfolge festzustellen. Wenn wir aber nach Überwindung aller Schwierigkeiten imstande sind zu zeigen, welche die untersten und welche die obersten Gesteine sind, so wissen wir zugleich, welches die ältesten und welches die jüngsten Schichten sind, und wir können denjenigen Teil der Erdgeschichte enträtseln, den sie enthalten.

109. Viertens haben wir zu untersuchen, ob die Gesteine in diesem Steinbruch nicht irgendwelche Merkmale aufweisen, aus denen wir auf den Ort schließen können, wo sie abgesetzt wurden. Wir legen eine der untern Sandschichten bloß und finden, daß ihre Oberfläche oft mit den auf Fig. 15 dargestellten Eindrücken

bedeckt ist. Jeder, der schon einmal an einer flachen, sandigen Küste gewesen ist, muß die welligen, furchenähnlichen Vertiefungen bemerkt haben, welche die schwachen Strandwogen auf dem weichen Sand hinterlassen. Sie gleichen genau denen auf dem Sandstein. Wir können sie auch auf dem ebenen, seichten Ufer eines Sees oder überall beobachten, wo Wasser vom Wind in leichten Wellen über sandigen Boden getrieben wird; sie deuten also auf seichtes Wasser. Nun haben wir von unserm Stein-

Fig. 15. — Sandstein mit Wellenfurchen.

bruch schon eine wichtige Tatsache über den Ursprung dieses Gesteins erfahren, nämlich, daß es nicht im tiefen Meer, sondern in seichtem Wasser abgesetzt wurde.

110. Wir setzen die Untersuchung der Schichten weiter fort und bemerken, daß einige in eigentümlicher Weise mit kleinen Löchern von der Größe einer Erbse und noch kleineren bedeckt sind. Die mit derartigen Löchern bedeckten Steine haben gewöhnlich das auf Fig. 16 dargestellte Aussehen. Wie die welligen Vertiefungen müssen auch diese in den Sand eingedrückt worden sein, als er

noch weich war und ehe er sich zu Sandstein verhärtete. Wieder müssen wir diese Vorgänge durch das, was noch jetzt vorgeht, zu erklären suchen. Wir wissen, daß jeder Regentropfen, der auf eine Fläche feuchten Sandes fällt, eine kleine Vertiefung hinterläßt. Wer sich des Aussehens einer Sandfläche nach rasch vorübergegangenem Regen erinnert und es mit unserem Bilde vergleicht (Physikal. Geographie, Fig. 9), wird finden,

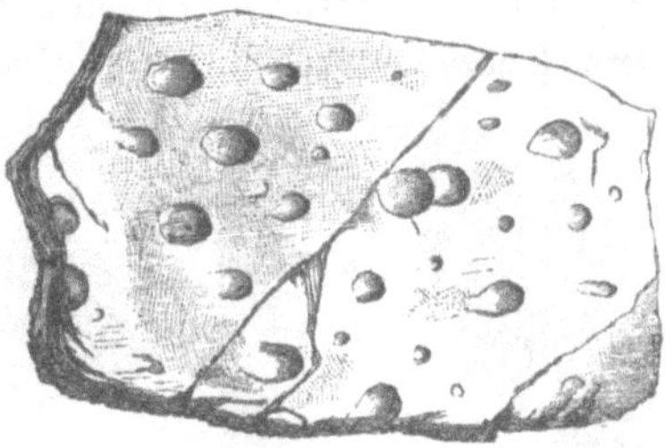

Fig. 16. — Eindrücke von Regentropfen in Sandstein.

daß sie im wesentlichen übereinstimmen, und daß daher auch die Vertiefungen im Sandstein durch das Fallen von Regentropfen auf feuchten Sand entstanden sind.

111. Die welligen Eindrücke zeigen an, daß das Wasser seicht gewesen sein muß, die Regenspuren deuten auf ein Gestade, das zuzeiten teilweise trocken lag und der Luft und dem Regen ausgesetzt war und daß es während dieser Zeit in der Tat regnete. Können wir nun sagen, ob dieser Strand das Gestade eines Sees oder des Meeres bildete?

112. Wieder kehren wir zu den Gesteinen selbst zurück und lesen aus einigen Schiefertonschichten eine Anzahl

Versteinerungen heraus, die uns in den Stand setzen, diese Frage zu beantworten. Der Fischer, der seine Angel in einen See auswirft, weiß, daß er darin keinen Meerfisch fangen kann. Aber nicht nur die Fische, sondern alle Tiere und Pflanzen des süßen Wassers unterscheiden sich von denen des salzigen Meerwassers. Seesterne, Napfschnecken, Austern und Flundern sind z. B. Bewohner des Meeres, während unsere alten Freunde, der Barsch, Stichling und die Ellritze in Flüssen und Seen leben. Hiernach ist es klar, daß die in den Niederschlägen

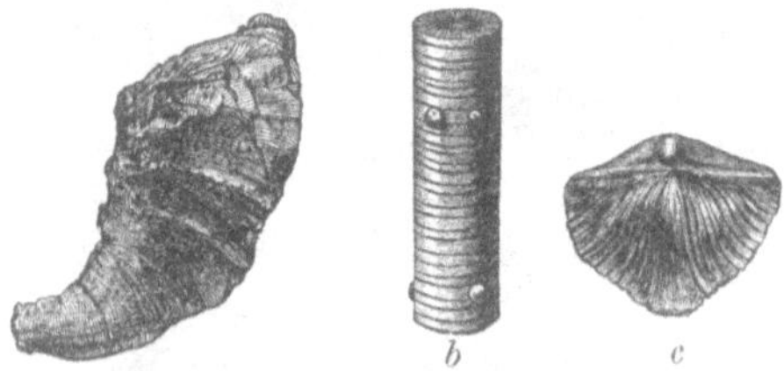

a b c

Fig. 17. — Versteinerungen. *a* Koralle; *b* Stielstück von einem Haarstern (oder Seelilie); *c* Spirifer (Armfüßer), eine Seemuschel.

des Meeresbodens enthaltenen Tier- und Pflanzenreste sehr verschieden von denen sein müssen, die wir auf dem Grunde der Seen finden.

113. Einige der von uns herausgesuchten Versteinerungen sind auf Fig. 17 dargestellt. Von diesen ist *a* eine Koralle; *b* ein Teil des gegliederten Stieles eines Enkriniten oder einer Seelilie, eines dem gemeinen Seestern verwandten Tieres; *c* endlich ist ein Gehäuse eines Wesens, dessen Verwandte ausschließlich im Meere vorkommen. Diese sind unleugbar Meertiere, und wenn wir sie mit einer Steinschicht verbunden finden, sind wir

sicher, daß die Bestandteile des Steines im Meere gelegen haben; sie wurden möglicherweise auf ein altes Ufer geworfen, wie es zur Jetztzeit mit den Muscheln geschieht.

114. Das ist also eine dritte Tatsache zur Erläuterung der Geschichte unserer Gesteine. Die welligen Vertiefungen und Regeneindrücke beweisen, daß sie längs der Küste in seichtem Wasser entstanden, und die Fossilien zeigen uns, daß diese Gewässer dem Meere angehörten.

115. In diesem Steinbruch haben wir also klare Beweise dafür gefunden, daß Land und Meer hier ihre Plätze vertauscht haben. Obgleich der Steinbruch jetzt vielleicht im Innern des Landes liegt, ist es außer Zweifel, daß dort früher Meer war. Wenn wir in andern Steinbrüchen suchen, werden wir dieselben Beweise von dem ehemaligen Dasein des Meeres finden. Wir können ganz Europa durchstreifen und alle Gesteine sorgfältig untersuchen, immer werden die im Meere entstandenen überwiegend sein. Auch in Asien, Afrika und Amerika würden wir viel mehr Gesteinen begegnen, die im Meere als anderswo entstanden sind. Gerade die höchsten Berge der Welt bestehen aus Gesteinen, die im Meere gebildet sind.

116. Ist diese Tatsache nicht sehr sonderbar? Wie kommt es, daß der größte Teil des Festlandes unter dem Meere entstanden ist? Die Gesteine müssen auf irgend eine Weise aus dem Wasser gehoben worden sein, und da das Land so uneben ist, scheint es, daß manche Stellen höher gehoben wurden, als andere. Wie diese Erhebung des Meeresbodens stattgefunden hat, soll später besprochen werden. Vorher aber müssen wir noch die Geschichte verschiedener anderer Gesteine verfolgen, von denen viele ebenfalls unter dem Meere entstanden sind.

Organische Gesteine oder aus Pflanzen- und Tierresten gebildete Gesteine.

I. Gesteine aus Pflanzenresten.

117. Da die Blätter, Zweige und Stämme der Pflanzen und die Muscheln oder andere Tierreste oft in so reichlichem Maße in den gewöhnlichen Sedimentär-Gesteinen vorkommen, so ist es leicht denkbar, daß sie manchmal in genügenden Massen angehäuft sein können, um an und für sich große Ablagerungen zu bilden. Wir können solchen Ablagerungen kaum den Namen Sediment in demselben Sinne beilegen, wie wir ihn beim Sandstein und Schieferton anwenden. Wir können sie Organogene Gesteine oder von Organismen (lebendigen Wesen) herrührende Gesteine nennen, weil sie ihren Ursprung den Anhäufungen von organischen Überbleibseln, nämlich Pflanzen- oder Tierresten, verdanken. Eine Pflanze oder ein Tier lebt und bewegt sich; beider Körper ist aus „Organen“ (Werkzeugen) zusammengesetzt. Wir gebrauchen z. B. beim Gehen unsere Beine, die unsere Bewegungswerkzeuge sind; wir sprechen mit dem Mund, der unsere Sprechwerkzeuge enthält; wir sehen mit unseren Augen, unseren Sehwerkzeugen, und so fort. Jedes Wesen also, das Organe besitzt, heißt ein organisches Wesen, ein Organismus. Und da nun Pflanzen und Tiere dieser Art sind, so ist der Ausdruck organisches Wesen gleichbedeutend mit Pflanze oder Tier geworden. Fossile Pflanzen oder Tiere im Gestein nennt man organische Überreste.

118. Wir beginnen mit Gesteinen, die aus Pflanzenresten entstanden sind, und wollen zuerst ein

Stück **Kohle** sorgfältig untersuchen. Wenn wir alles, was es uns zu erzählen hat, wissen, so wird es uns nicht viel Schwierigkeiten machen, die Geschichte anderer, zu dieser Abteilung gehörender Gesteine zu ergründen.

119. Das allgemeine Aussehen der Kohle kennen wir wohl. Obwohl sie in rauhen, unregelmäßigen Stücken zu unseren Öfen und Herden gebracht wird, so ist doch leicht zu erkennen, daß sie aus Schichten gleich den Sedimentär-Gesteinen besteht. Ein großes Stück Kohle zerbricht gewöhnlich leichter nach einer Richtung hin als nach der andern. Diese Richtung ist diejenige der dünnen Lagen, aus denen die Kohle besteht. Um große Stücke schnell zum Brennen zu bringen, haben wir sie einfach so in den Ofen zu legen, daß die Schichten möglichst senkrecht stehen. In dieser Stellung spaltet sie die Hitze auseinander und ermöglicht ein schnelleres Verbrennen.

120. Betrachten wir nun das Stück Kohle an einem Ende, wo die Schichten bloßgelegt sind. Wir können die Schichten nicht so leicht verfolgen, wie in einem Stück Schieferton, denn sie scheinen ineinander überzugehen. Die meisten bestehen aus einer harten, glänzenden Masse, aber andere sind von weicherer Art, ähnlich der Holzkohle. Ein Blick auf solche Kohle zeigt uns, daß sie geschichtet ist.

121. Die Kohle kann, wie wir wissen, so verbrannt werden, daß sie nur Asche hinterläßt, sie gleicht in dieser Beziehung dem Holz und Torf (siehe Abschn. 129). Chemiker haben die Kohle analysiert und gefunden, daß sie dieselben Bestandteile enthält wie Holz und Torf und in Wirklichkeit nur aus Teilen einer früheren

Pflanzenwelt besteht, die zusammengepreßt und nach und nach in die schwarze Masse verwandelt wurde, die uns jetzt als Feuerungsmaterial dient.

122. Nun wollen wir uns einmal in ein Kohlenbergwerk versetzen, um die Kohle zu sehen, wie sie daliegt, ehe sie aus der Erde gegraben und in die kleinen Stücke zerlegt wird, die wir in unseren Öfen verbrennen. (Fig. 37.) Nachdem wir uns in den Schacht hinuntergelassen und unsere Augen erst an die Dunkelheit gewöhnt haben, gehen wir, eine Lampe in der Hand, vorwärts und erreichen zuletzt einen Teil des Bergwerkes, wo die Arbeiter mit dem Losbrechen der Kohle beschäftigt sind. Vor allen Dingen sehen wir, daß die Kohle als eine Schicht von wenigen Metern Dicke vorkommt. Dies geschichtete Vorkommen stimmt mit dem überein, was wir über die innere Lagerung der Gesteine gelernt haben, und bestätigt unsere Ansicht, daß die Kohle zu den geschichteten Gesteinen gehört. Weiter beobachten wir, daß der Grund, auf dem die Kohle liegt, und die Schichten, die sie bedecken, sich in ihren Bestandteilen von der Kohle unterscheiden. Wenn wir einen Durchschnitt (Abschn. 80) von der Oberfläche durch die Kohle und die darunter und darüber liegenden Gesteine (das Liegende und das Hangende) machen würden, zeigte er die in Fig. 18 dargestellte Ordnung. Wir würden finden, daß die Kohlenschicht zwischen Lagen von gewöhnlichem Sedimentär-Gestein liegt.

123. Das Liegende der Kohlenschicht (b in Fig. 18) verdient unsere besondere Aufmerksamkeit. Es ist eine Schicht von dunklem Ton, in dem eine Menge schwarzer Streifen und verzweigte, wurzelartige Fasern sind. Wir

können diese wurzelartigen Fasern selbst bis in die Kohle verfolgen. Wenn wir noch andere Kohlenschachte besuchten, würden wir finden, daß die Kohlenschichten gewöhnlich auf einem derartigen Lager von Lehm oder Schieferton ruhen. Warum sollte aber die Kohle eher auf einer Schicht von Ton, als auf anderm Gestein ruhen? Wir dürfen überzeugt sein, daß das fortwährende Zusammenerscheinen der Kohle und der Lehmschicht kein bloßer Zufall sein kann, sondern eine Bedeutung haben muß, die, wenn einmal herausgefunden, uns die

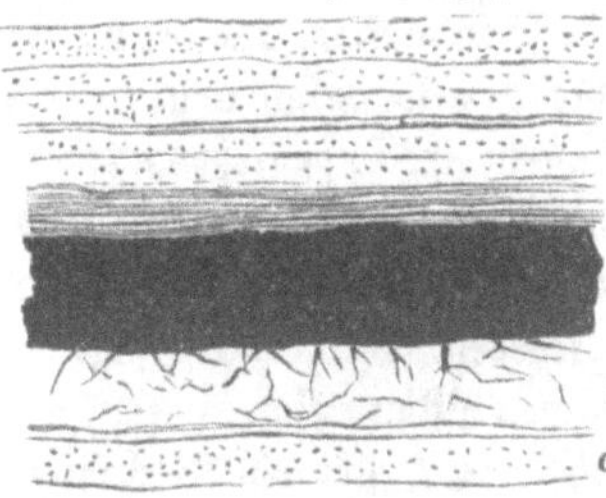

Fig. 18. — Durchschnitt einer Kohlenschicht mit ihrem Liegenden und Hangenden: *a* Sandstein, Schieferton zc.; *b* Lehmschicht, auf der die Kohle liegt; *c* Kohle; *d* Sandstein und Schieferton.

Entstehung der Kohle klar machen und denjenigen Teil der Erdgeschichte verstehen lernen wird, den die Kohlenschachte in sich bergen.

124. Bei näherer Untersuchung der Tonunterlage erinnert sie uns an den mit Wurzeln durchwachsenen Erdboden. Haben wir diese Vorstellung erfaßt, so wird uns bei genauer Untersuchung der Gesteine die Ähnlichkeit immer klarer, bis wir in der Tat davon überzeugt sind, daß der Tongrund ein alter Boden ist und das Kohlenlager die Pflanzenwelt darstellt, die früher darauf wuchs. (Siehe Fig. 38.)

125. Jedes Kohlenlager war einstmals eine dichte Masse von Pflanzen, die auf einer sumpfigen Fläche wuchsen, ähnlich den sumpfigen Schilfmooren, die jetzt in den tropischen Ländern vorkommen. Diese großen, sumpfigen Ebenen hatten einen schlammigen Boden, auf dem die üppige Pflanzenwelt wuchs; denselben Boden erkennen wir in der Schicht, die unter der Kohle liegt.

126. Können wir etwas über die Pflanzenarten erfahren, die auf diesen Ebenen wuchsen und sich zu der dicken Masse anhäuften, aus der die Kohle entstand? An der Kohle ist gewöhnlich nicht mehr viel zu sehen; denn die Pflanzen sind so gepreßt und verändert worden, daß die Blätter und Zweige zerstört sind; manche der alten Pflanzen sind jedoch in eine Art von Holzkohle verwandelt worden, welche die Finger beschmutzt und noch Spuren von Pflanzenfasern zeigt, wie die gewöhnliche Holzkohle. Es gibt ein Verfahren, Kohlen und Mineralien zu untersuchen, wodurch ihre feinste Struktur ersichtlich wird. Eine dünne Scheibe Kohle wird mit Schmirgel und Wasser glatt geschliffen und die glatte Fläche auf ein Stück Glas geklebt. Die andere Seite wird dann ebenfalls abgeschliffen bis die Scheibe durchsichtig wird, worauf sie, gut gereinigt, unter ein Mikroskop zur näheren Untersuchung gebracht wird. Einige Kohlenarten erweisen sich bei dieser Untersuchung als aus Millionen kleiner Samenkapseln, sogenannten Sporangien bestehend. Diese wurden wie beim Bärlapp ausgestreut, nur waren sie größer und müssen in solcher Menge auf den Boden gefallen sein, daß sie eine ganze Schicht darauf gebildet haben.

127. Obgleich die größeren Pflanzen in der Kohle selbst selten gut erhalten sind, können wir sie manchmal in großer Vollkommenheit und Schönheit in den Gesteinsschichten über oder unter dem Kohlenlager finden. Einige der gewöhnlichsten Arten sind auf Fig. 19 zu sehen; die drei oberen stellen Farrenkräuter dar; die

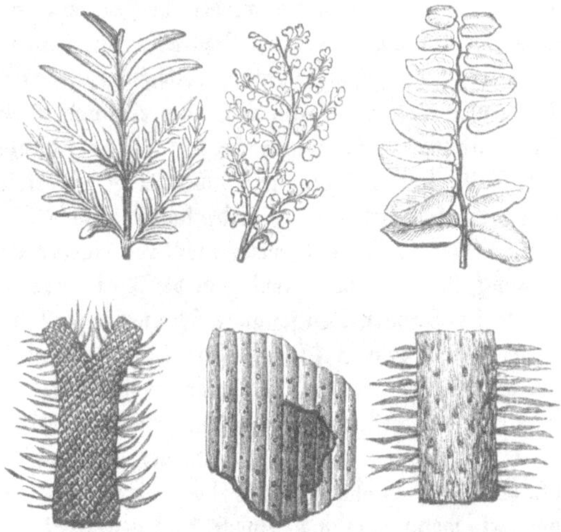

Fig. 19. — Pflanzen, aus denen Kohle entstanden ist.

drei unteren Stücke von Bäumen, die unserem Bärlapp verwandt sind. Die letzte untere Abbildung zur Rechten ist ein Teil der Wurzel mit daranhängenden Fasern (Stigmaria), die so überreichlich in der Tonunterlage der Kohle gefunden werden. Hie und da liegen diese Pflanzen kreuz und quer auf der Unterseite der Gesteinslage, die das Kohlenlager bedeckt. Wenn sie auch flach gedrückt sind, wie getrocknete Blätter in einem Buch, so haben sie doch ihre ursprüngliche zierliche Form behalten.

128. Jedes Kohlenlager, einst eine prächtige mit Pflanzen bedeckte Fläche, die von der Sonne beschienen wurde und viele Quadratmeilen groß war, liegt jetzt tief in der Erde begraben unter mächtigen Gesteinsmassen, die erst durchbohrt werden müssen, ehe man die Kohle erreicht. Wie dies Begraben stattgefunden hat, werden wir später erfahren. (Abschn. 193—203.) Unterdessen wollen wir uns noch über eine andere Art Schichtenbildung unterrichten, bei der auch die Pflanzen eine Rolle spielen, die wir aber nicht in tiefen Schachten, sondern auf der Erde suchen müssen.

129. Wer kennt nicht, wenn nicht aus eigener Anschauung, so doch vom Hörensagen, die Torfmoore, die über weite Strecken Deutschlands sich ausbreiten? Die braunen oder grünen Flächen sind teilweise so weich und mit Wasser getränkt, daß man in den schwarzen Schlamm einsinkt, wenn man die trügerische Oberfläche zu betreten wagt. An anderen Stellen hat sich eine feste Rinde gebildet, die unter den Füßen schwankt, wenn man von einem trockenen Fleck zum andern springt.

130. Wenn wir eine solche Stelle besuchen, bemerken wir, daß sie am Rand gewöhnlich ganz fest ist. Sie kann selbst bis ins Innere trocken werden, so daß man sie umpflügen und Rüben oder Kartoffeln darauf pflanzen kann. Wo wir die Masse, aus der das Moor besteht, untersuchen, finden wir, daß sie eine Art von dunklem, braunem Teig, Torf genannt, ist, der aus fest zu-

sammengedrückten Pflanzenresten besteht. Dieser Torf erstreckt sich über das ganze Moor in einer oft 10 bis 12 Meter dicken Lage. Es ist dies also einfach eine aus Pflanzen bestehende Ablagerung und gleicht in dieser und anderer Hinsicht der Kohle. Die unteren Teile sind natürlich abgestorben, aber die Pflanzen an der Oberfläche leben, so daß das Moor im Laufe der Zeiten durch das stete Wachstum und Absterben immer mächtiger wird. In einigen Gegenden hat sich im Verlaufe von 30 oder 40 Jahren eine Schicht von einem Meter Dicke gebildet.

131. Da die Zusammensetzung des Torfes derartig ist, kann man ihn natürlich auch brennen; man sticht ihn daher in Stücken aus dem Moore, die man trocknet und zum Heizen verwendet. Auf großen Strecken von Deutschland, Schottland und Irland hat man nur dieses Brennmaterial, das man jeden Sommer im Moore absticht.

132. Auf Fig. 20 ist ein solcher Torfstich dargestellt. An solchen Stellen kann man die Entstehung der Schichten am besten studieren, und da die Untersuchung der Moorbildung ein gutes Beispiel für die Methode gewährt, durch welche die Geologen die frühere Geschichte der Erde ergründen, so wollen auch wir einen Blick in die Öffnung tun, die in dem auf Fig. 20 gezeichneten Moore gemacht ist.

133. Unter der Oberfläche von Gras und Heide liegt der Torf, oben als braune, faserige Masse, während er nach abwärts immer fester wird, bis er unten vielleicht in einen ganz dunklen, festen Stoff übergeht, in dem keine Spur einer Faser mehr zu erkennen ist. Unter dem

Grund des Moores liegt manchmal eine feine Tonschicht, Tierreste enthaltend, die nur aus süßem Wasser herstammen können. Hie und da findet man auch ein rohes, aus einem Eichenstamm ausgehöhltes Boot auf dem Grunde des Torfmoores, ein Überbleibsel aus der Zeit unserer Vorfahren.

Fig. 20. — Durchschnitt eines Torfmoores, wo der Torf gestochen und in kleinen Stücken getrocknet wird, um als Brennmaterial verwendet zu werden.

134. In einem solchen Torfmoore haben wir gleich ein Stück geologischer Geschichte. Sobald die verschiedenen Tatsachen zusammengestellt sind, ergibt sich klar und deutlich die Geschichte des Torfmoores.

135. Die unterste und daher die älteste Schicht ist die vorher besprochene Tonschicht. Schon früher haben wir gelernt, daß eine derartige Schicht unter Wasser

gelegen haben muß. Ist die Schicht dick, so können wir annehmen, daß das Wasser nicht eine bloße feuchte Lache oder ein Bach war, sondern eine gewisse Tiefe und Ausdehnung gehabt haben muß. Ferner zeigen die Muscheln an, daß es das Wasser eines Sees gewesen sein muß; denn wir können dieselben Arten noch jetzt lebend in Seen finden. Als ersten Punkt stellen wir fest, daß an der Stelle, wo jetzt das Moor ist, früher ein See war. Wir können selbst noch die Grenzen des Sees erkennen; denn die Abhänge, die sich um das Torfmoor herum erheben, müssen in derselben Weise die alte Wasserfläche umgeben haben, auf der unsere Vorfahren in den Booten ruderten, die wir jetzt aus dem Moore graben.

136. Über dem Tonlager, das den früheren Seeboden bezeichnet, erhebt sich die Torfschicht, die ganz aus pflanzlichen Stoffen besteht. Ohne Zweifel hat sie den Platz des Wassers eingenommen. Die Pflanzenreste haben den flachen See ausgefüllt und ihn in ein Torfmoor verwandelt. An vielen Stellen kann man noch beobachten, wie diese Verwandlung vorgeht. In einem solchen Torfmoore, wie das auf Fig. 21 dargestellte, ist es augenscheinlich, daß der kleine Wasserfleck in der Mitte nur ein Überbleibsel des Sees ist, der einst die ganze Vertiefung ausfüllte. An der Grenze der übriggebliebenen Lache sehen wir, daß die Sumpfpflanzen, aus denen der Torf besteht, von allen Seiten her in das Wasser wachsen. Wenn wir eine Stange in den Grund stoßen, so rühren wir den feinen schwarzen oder braunen Torf auf, der aus den verfaulten Wurzeln entstanden ist. Es ist immer noch Wasser zwischen der schlammigen

Masse auf dem Grund und den wachsenden Pflanzen, die eine Art Kruste darüber bilden. Schließlich werden aber die Pflanzen den ganzen Zwischenraum ausfüllen, und dann wird selbst der Mittelpunkt in ein festes Torflager verwandelt, wie es schon mit den äußeren Teilen des Moores geschehen ist.

137. Torfmoore sind also in sumpfigen Gegenden oder flachen Seen entstanden durch das Wachsen und

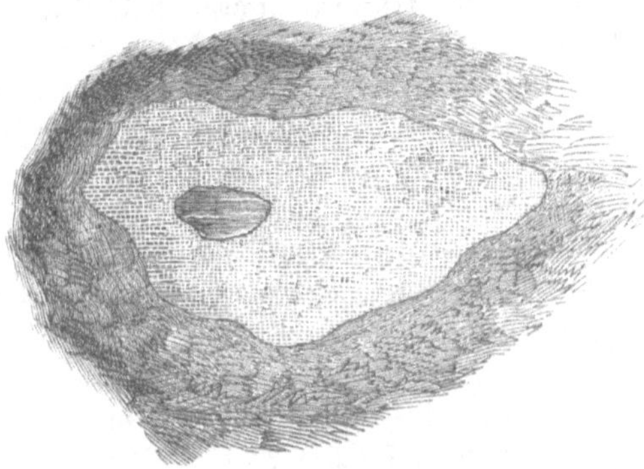

Fig. 21. — Grundriß oder Karte eines Torfmoores, das einen früheren See ausfüllt bis auf einen kleinen, noch übriggebliebenen Teil.

Absterben der Pflanzen und die Ansammlung ihrer Reste auf dem Platze, wo sie lebten und starben. Sie zeigen, gleich Kohlenlagern, wie unter gewissen Umständen das Wachsen und Absterben der Pflanzen dicke und weitverbreitete Ablagerungen bilden kann.

II. Gesteine aus Tierresten.

138. Auf den ersten Anschein ist es nur schwer denkbar, daß sich Tierreste in so großen Massen ansammeln, um eine erkennbare Ablagerung zu bilden. Wenn auch

die Luft von Insekten erfüllt ist und wir beim Scheiden des Sommers unzählige Vögel sehen und hören, wenn auch auf unsern Wiesen und in den Wäldern eine große Anzahl Hasen, Maulwürfe und viele andere Tiere leben, so sehen wir doch nie, daß ihre Überreste auf der Erdoberfläche eine Schicht bilden. Wir sehen überhaupt verhältnismäßig wenig tote Tiere. Sie kriechen in Höhlen und sterben dort, dann zerfällt der Körper nach und nach und verschwindet. Wenn wir aber an die richtigen Stellen kommen, so entdecken wir, daß die Reste von Tieren ebensowohl wie die der Pflanzen große Anhäufungen bilden, sogar in noch ausgedehnterem Maße.

139. Die Muscheln, die in einem Torfmoore (Abschn. 133) vermodern, gehören gewissen Arten an, die in Seen leben. In manchen Seen ist der Boden mit ähnlichen Muscheln bedeckt, die nach ihrem Absterben einen weißen, kreideartigen Niederschlag, Mergel genannt, bilden, bestehend aus Muscheln in allen Stufen des Verfalls. Die Tiere, die in den Muscheln leben, kommen in solchem Übermaß im Wasser vor, daß die Schalen nach ihrem Absterben auf dem Grunde eine Schicht bilden. Manchmal wurde ein solcher See allmählich ausgefüllt, entweder durch Pflanzen und Schlamm (Abschn. 136), oder man trocknete ihn künstlich aus, um Land zu gewinnen. Die Stelle ist kenntlich an dem eine Schicht von mehreren Metern Dicke bildenden Süßwassermergel, in dem oft Skelette von Tieren, z. B. Auerochsen, gefunden werden, die auf irgendeine Weise in dem alten See ertrunken sind, oder Boote, Steinhämmer und andere Geräte eines früheren Volkes, welches das Land vor dem Verschwinden so mancher

seiner Seen und Wälder bevölkerte. In manchen Gegenden, wo der Kalk selten ist, hat man den Mergel in großen Massen aus den alten Seen gegraben und als Dünger verwendet.

140. Auf dem Boden des weiten Meeres finden wir aber erst die wunderbarsten und vollkommensten Beweise dafür, daß Gesteine allmählich aus Tierresten entstehen in Schichten von hundert und tausend Meter Dicke und in einer Ausdehnung von über hundert Meilen. In unserer Physikalischen Geographie (Abschn. 238—252) ist dieses Punktes bereits Erwähnung getan, sowie der Tatsache, daß der aus kleinen, organischen Überresten bestehende Schlamm, Tiefseeschlamm genannt, fast den ganzen Boden des Atlantischen Ozeans bedeckt. Untersuchen wir diesen Schlamm nun genauer.

141. Im Westen von England wird der Atlantische Ozean bald und plötzlich tiefer. Sein Grund erstreckt sich von da bis Neufundland als eine unermeßliche Ebene, deren tiefster Teil ungefähr 3500 Meter unter dem Wasser liegt. Über diese weite, unterseeische Fläche wurden Telegraphenkabel gelegt, daher waren auf dem Wege von Irland nach der amerikanischen Küste viele Sondierungen oder Tiefmessungen vorzunehmen. (Physikalische Geographie, Abschn. 239.) Es stellte sich dabei heraus, daß in den flacheren Teilen des Meeres der Boden mit Sand, Kies oder Schlamm bedeckt war, während von tieferen Stellen mit dem Senkblei eine sonderbare, klebrige, graue Masse heraufkam, Tiefseeschlamm, der sich wohl viele hundert Quadratmeilen weit über diesen tiefen Meeresgrund ausbreitet. In getrocknetem Zustande sieht dieser Tiefseeschlamm wie eine Art

schmutzige Kreide aus. Wenn wir etwas Tiefseeschlamm auf einem Glastäfelchen ausbreiten und es mit bloßem Auge betrachten, so halten wir die kleinen Fleckchen, die wir sehen, für ebensoviele Staubkörner. Unter einem starken Vergrößerungsglas oder Mikroskop entdecken wir aber, daß der Schlamm aus winzigen, muschelartigen Wesen, den sogenannten Foraminiferen besteht; einige davon sind ganz erhalten, andere zerbrochen, und alle sehr zart geformt (Fig. 22). Beim Anblick dieser zierlichen Formen müssen wir uns vergegenwärtigen, daß sich Millionen auf Millionen davon in den oberen

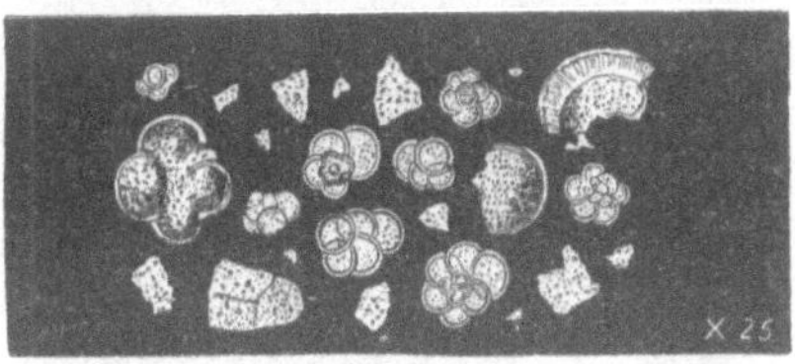

Fig. 22. — Tiefseeschlamm aus dem Atlantischen Ozean, 25mal vergrößert.

Wasserschichten des Atlantischen Ozeans aufhalten, daß sie beim Absterben auf den Grund sinken, wo ihre Schalen eine ausgedehnte Ablagerung bilden; jede neue Generation, die entsteht und wieder abstirbt, vergrößert die Schicht. Bliebe diese Schicht ungestört und könnten wir ihr Wachstum bewachen, so würden wir sie nach Jahrhunderten bedeutend höher finden, mit Seesternen oder anderen Bewohnern des Meeres, die im Wasser starben, in ihrem Innern. Diese langsam entstehenden Schichten haben zwischen Irland und Neufundland gewiß schon eine Dicke von über 100 Meter erreicht.

Dies ist ein weiteres und wohl zu beachtendes Beispiel dafür, daß eine hohe und weitverbreitete Felsmasse aus Tierresten entstanden sein kann.

142. Kehren wir nun noch einmal zu unserem Stück Kreide (Abschn. 29) zurück, um es mit dem Tiefseeschlamm des Atlantischen Ozeans zu vergleichen. In vielen Stücken Kreide sehen wir gleich auf den ersten Blick Muscheln, Korallen, Seeigel usw., entweder ganz erhalten, oder in Bruchstücken (Fig. 23). Dies genügt, um uns zu überzeugen, daß die Kreide im Meer

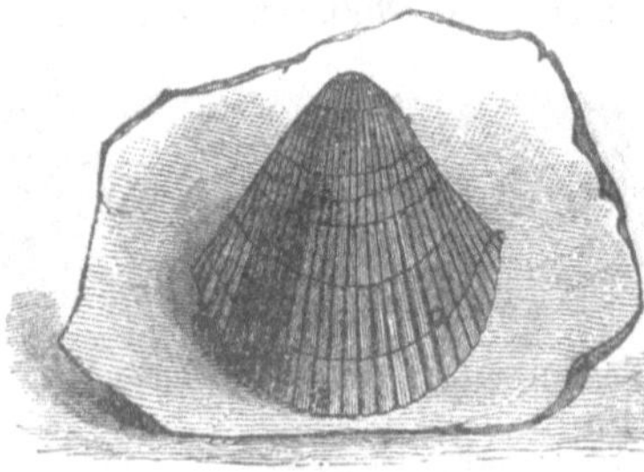

Fig. 23. — Ein Stück Kreide mit einer Muschel.

entstanden sein muß. Weitere Untersuchung belehrt uns, daß die Kreide nicht nur Tierreste *enthält*, sondern *ganz aus solchen besteht*. Wenn wir zufällig ein geeignetes Stück Kreide bekommen, und es in der im Abschnitt 29 angegebenen Weise behandeln, so finden wir zahlreiche kleine Gehäuse von Muscheln darin (Fig. 3), die denen im Tiefseeschlamm (Fig. 22) genau gleichen; außerdem sind noch größere, zerbrochene Muscheln und andere Reste darin enthalten. Augenscheinlich besteht die ganze Kreide nur aus Tierresten, manche vollständig erhalten, andere so zerbrochen und zerrieben, daß man gar nicht mehr feststellen kann, welchen Tieren sie angehörten. Wir dürfen nicht enttäuscht sein, wenn manchmal die Kreide, die wir abbürsten, keinen bestimmten Organismus zeigt, sondern nur formlose, weiße Körner. Alle diese Körner sind nur zerstörte Teile eines Organismus, und wir müssen unter ihnen suchen, bis wir einige noch vollständig erhaltene Arten finden. Haben wir Erfolg, so finden wir wohl eine solche Sammlung von winzigen Tierresten, wie sie auf Fig. 3 dargestellt sind und z. B. in der Kreide von Rügen gefunden werden.

143. Einige Teile des Meeresbodens sind so dicht mit Muscheln, Korallen, Schwämmen und ähnlichen Organismen besät, daß die Überreste dieser Wesen sich zu festem Kalkstein zusammenballen, der weite Flächen bedeckt und wahrscheinlich mit großer Schnelligkeit anwächst. Dieser jüngere Kalkstein kommt hauptsächlich in den tropischen Teilen des Ozeans vor, wo die Meeresströmungen reichliche Zufuhr bewirken. Viele alte Kalksteine haben denselben Ursprung. Fig. 24 stellt z. B. ein Stück alten Kalksteines dar, das einem Steinbruch im Binnenlande entnommen ist. Es war viele Jahre der Luft ausgesetzt; seine verwitterte Oberfläche zeigt viele Stücke von Steinlilien (Enkriniten), Korallen, Muscheln und anderen Überbleibseln. Der Anblick eines solchen Steines ruft in uns sogleich den Gedanken an irgendeinen alten Meeresgrund wach. Wir können uns vorstellen, wie alle diese zierlich geformten, kleinen Stücke einst Teile lebender Tiere waren, die sich in dem klaren Seewasser bewegten. Das Stück Kalkstein wird für uns eine Art Abbild des Meeresbodens und

erinnert uns an das, was wir vielleicht selbst auf dem Grund der Lachen am Ufer des Meeres gesehen haben. (Abschn. 101.)

144. Wenn schon ein kleines Stück Kalkstein solche Gedanken in uns erweckt, was würden wir erst denken, wenn wir in Gegenden kämen, wo alle Berge aus solchem Kalkstein beständen, Gesteinsmassen von über 1000 Meter Dicke, die sich über viele hundert Quadratmeilen er-

Fig. 24. — Ein Stück Kalkstein, aus tierischen Resten bestehend.

strecken? In Deutschland, England und Frankreich z. B. bestehen eine Menge Berge aus Kalkstein. Wir sehen dann wohl, wie sich die Kalksteinschichten an jeder Talwand hinziehen und terrassenförmig erheben, soweit das Auge reicht. Indem wir längs dieser hohen Bergterrassen wandern, gehen wir in der Tat auf altem Meeresboden, und wenn wir irgendwo stehen bleiben, um den Boden unter unsern Füßen zu betrachten, so sehen wir, daß er nur aus einer aufgehäuften Masse von kleinen Tieren besteht, die einst das Meer bevölkerten. Der Meeresboden ist auf irgendeine Weise zu trockenem Land geworden, und die mächtigen daraufliegenden Schichten haben sich zu Kalkstein verhärtet, aus dem die hohen Berge und weiten Täler entstanden.

145. Einige der gewaltigsten Gebirgsketten der Erde bestehen größtenteils aus Kalkstein. Auf den luftigen Gipfeln der Alpen z. B. und in der Himalayakette bildet der aus Meertierresten bestehende Kalkstein einen großen Teil der Abhänge, auf denen ewiger Schnee liegt, und von wo die Gletscher in die Täler hineinragen.

146. Wiederholung. Ehe wir weiter gehen, wollen wir nochmals auf das, was wir gelernt haben, zurückblicken und den Punkt genau feststellen, bis zu welchem wir bis jetzt gelangt sind. Wir fassen die vorhergehenden Abschnitte in kurzem Auszuge folgendermaßen zusammen:

1) Die Oberfläche der Erde wird durch Regen und Ströme zerstört, und demzufolge eine große Menge Schlamm, Sand und Kies gebildet.
2) Das durch Zerstörung des Bodens entstandene Material häuft sich an den Mündungen der Flüsse, in Seen und auf dem Meeresgrunde auf, so daß es große Ablagerungen bildet, die sich schließlich zu Sedimentär-Gesteinen verhärten.
3) Blätter, Zweige, Stämme und andere Teile von Pflanzen werden mit Tierresten zusammen als Fossilien in diesen Sedimentär-Gesteinen eingebettet und darin bewahrt.
4) Pflanzen und Tiere bilden oft selbst dicke und ausgedehnte Ablagerungen auf der Erdoberfläche.

5) Die Gesteine, aus denen das Festland besteht, sind größtenteils auf dem Meeresgrunde entstanden.

6) Frühere Landflächen, die einst über die Erde hin prächtige Wälder erzeugten, sind jetzt mit diesen als Kohlenlager tief unter der heutigen Oberfläche in festen Gesteinsmassen begraben.

147. Schritt für Schritt sind wir bis zu diesen Schlußfolgerungen gelangt und sind vollständig von ihrer Richtigkeit überzeugt, weil wir auf dem Wege alles selbst geprüft haben. Wiederholt befanden wir uns dem untrüglichen Beweise gegenüber, daß auf die eine oder die andere Weise Land und Meer ihre Plätze vertauscht haben müssen. Wir fanden alten Meeresgrund auf dem Gipfel der Berge, fanden alte Wälder in der Form von Kohlenlagern tief im Innern der Erde begraben. Wie können diese wunderbaren Veränderungen stattgefunden haben? Um diese Frage zu beantworten, müssen wir uns vorher noch mit der dritten der drei großen Gruppen, in die wir die Steine der Erde einteilen, bekannt machen — mit der Gruppe der auf feurigem Wege entstandenen, den eruptiven Gesteinen.

Eruptive Gesteine.

I. Was die eruptiven Gesteine sind.

148. Das Wort eruptiv deutet auf feurigflüssigen Ursprung. Es bezeichnet die Gesteine, auf welche es angewandt wird, nicht ganz genau, ist aber schon lang im Gebrauche und umfaßt alle jene Gesteine, die entweder unter einer Bedeckung von festen Massen aus

ursprünglichem Schmelzfluß erstarrt sind wie Granit (eigentliche eruptive Gesteine) oder von Vulkanen bis an die Oberfläche gebracht wurden wie Basalt (vulkanische Gesteine). Die eruptiven Gesteine verdanken also ihren Ursprung den früheren Wirkungen der Hitze im Innern der Erde. (Physikalische Geographie, Abschn. 256—268.)

149. Das Erste, was uns bei den eruptiven Gesteinen auffällt, ist ihre verhältnismäßige Seltenheit im Vergleich zu den ungeheuren Massen und der weiten Verbreitung der beiden andern großen Klassen von Gesteinen. Alte Vulkane, die sich an ihren Formen jetzt noch deutlich als solche erkennen lassen, und ganz besonders auch deutliche Nachwirkungen früherer vulkanischer Tätigkeit finden wir in Deutschland auf der linken Rheinseite. Die Eifel ist ein durch und durch vulkanisches Gebiet. Zwar ist die Tätigkeit des Erdfeuers auch hier scheinbar schon ganz erloschen, aber die teils trockenen, teils mit Wasser erfüllten Krater, wie der Laacher See, ferner z. B. das jetzt noch stattfindende Ausströmen von Kohlensäuregas aus Erdspalten (Mofetten) geben unzweideutiges Zeugnis davon, daß vor vielen Jahrtausenden hier gewaltige, feurige Kräfte tobten.

150. Die den Vulkanen ihre Entstehung verdankenden festen Massen sind zweierlei Art: erstens Lava, das ist ursprünglich geschmolzenes Gestein, das bei einem Ausbruch an den Abhängen des Berges ausfloß; zweitens Ablagerungen von **Staub, Sand und Steinen**, die aus der Öffnung des Vulkans herausgeschleudert wurden und seine Abhänge bedecken, oft sogar im Umkreis von vielen Meilen. (Physikal. Geographie, Abschn. 258.)

151. Die Lava erkaltet und verhärtet sich zu festem Gestein. Die lockere Asche und die einzelnen Steine bleiben entweder lose oder verbinden sich ebenfalls mit der Zeit zu einer mehr oder weniger festen Steinschicht (Tuffe). Zwei verschiedene Gesteinsarten gelangen so durch die Vulkane aus dem Erdinnern an die Oberfläche. Wenn wir die Lava durch das Vergrößerungsglas betrachten, sehen wir, daß das Gestein aus deutlichen, dichtverwachsenen Kristallen besteht. Die Aschenschichten hingegen bestehen, so fest sie auch geworden sein mögen, aus unregelmäßigen Bruchstücken verschiedener Steinarten in allen Größen, vom feinsten Staubkorn bis zum großen Block. Wenn wir diesen einfachen und leicht faßlichen Unterschied beachten, so können wir die eruptiven Gesteine in zwei große Gruppen einteilen — erstens die kristallinischen, nämlich solche, die aus Kristallen bestehen und einst in geschmolzenem Zustande waren, und zweitens die aus Bruchstücken zusammengesetzten; diese bestehen aus den lockeren Bestandteilen, die während vulkanischer Ausbrüche ausgeworfen werden.

152. I. **Kristallinische Eruptiv-Gesteine.** Granit ist eines der Gesteine dieser Klasse. Bei unserer früheren Untersuchung dieses Gesteines (Abschn. 27) haben wir gesehen, wie sehr es sich vom Sandstein oder der Kreide unterscheidet. Doch gibt es unter den kristallinischen eruptiven Gesteinen noch viele andere Arten. Das auf Fig. 25 dargestellte Stück ist von einem Lavastrom abgebrochen, der einst in geschmolzenem Zustande den Berg hinuntergeflossen ist. Kleine, eckige Kristalle, einige davon schwarz und groß, andere nur kleine, weiße Flecken sind über die ganze Masse des Steines ausge-

breitet. Außer den Kristallen bemerken wir noch eine Anzahl runder Löcher oder Höhlungen, als ob kleine vom Wasser abgerundete Kiesel herausgefallen wären. Diese Löcher sind wichtig, weil sie beweisen, daß das Gestein einst eine feurigflüssige Masse war. In diesem geschmolzenen Zustand und während es noch tief unter der Erde lag, enthielt es eine Menge eingepreßter Dämpfe und Gase, die sich bei dem Aufsteigen der feurigflüssigen Masse in zahlreichen, kleinen Blasen

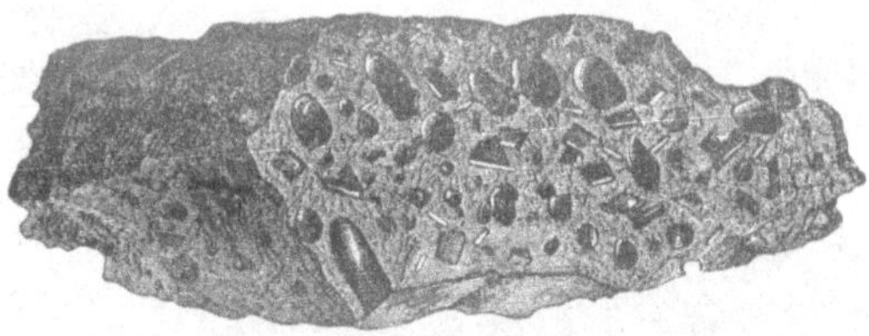

Fig. 25. — Lavastück mit Kristallen und mit den von den Dämpfen herrührenden Höhlungen.

sammelten und die sonderbaren Löcher bildeten, die jetzt in dem festen Gestein sichtbar sind. Auf ungefähr dieselbe Weise entstehen auch die Löcher, die wir in einem Laibe Brot wahrnehmen, indem der Dampf aus dem Teig zu entweichen versucht, während dieser im Ofen erwärmt wird.

153. Alle Lava gehört dieser Gesteinsmasse an. Ein oder zwei Bilder sollen dazu dienen, uns einige der einfacheren und klareren Formen der Lavamassen vorzuführen. Fig. 26 zeigt einen Teil der Insel Volcano bei Sizilien. Wir sehen, daß die Lava sich im Innern oder dem Schlund des vulkanischen Berges bis zur Kante

des Kraters erhoben hat (vergl. Physikal. Geographie, Abschn. 259) und an der Außenseite hinuntergeflossen ist. Als das geschah, war die Lava ganz geschmolzen,

Fig. 26. — Ansicht der Nordseite des vulkanischen Kegels auf der Insel Volcano. Man sieht einen Strom schwarzer Lava, der den Fuß des Berges nicht erreicht hat.

wie flüssiges Eisen, und wurde hart, indem sie sich im Hinunterfließen abkühlte. Sie war nicht imstande, den Fuß des Berges zu erreichen; denn es war in der Tat ein so kleiner Strom, daß er erkaltete und hart wurde, ehe er hinunter kam. Nun wollen wir aber Fig. 27 betrachten. Da ist ein so starker Lavastrom ausgetreten, daß eine Seite des vulkanischen Kegels unter dem Druck der rot- oder weißglühenden Lava geborsten ist und sich die Lava als schwarzer starrer Strom die Abhänge hinabgewälzt hat. Wir können daher in das Innere des Kraters sehen, sogar von der Ebene aus. Jeder Lavaausbruch ist ein Ausströmen einer geschmolzenen Gesteinsmasse aus dem Gipfel oder der Seite eines Vulkanes. Wie ein Strom fließt die Lava in die nächste Schlucht oder das nächste Tal, das sie erreichen

Fig. 27. — Ansicht eines Lavaausflusses aus einem der erloschenen Vulkane der Auvergne (Frankreich).

kann, so daß in der Nähe eines Vulkans die Täler oft ganz unter der ausströmenden Lavamasse begraben werden. Gleich den Flüssen sind auch die Lavaströme von verschiedener Größe. Auf Fig. 26 sehen wir einen, der zu schwach war, um den Fuß des Berges zu erreichen; bei dem berühmten Ausbruch von Skaptar Jökul in Island im Jahr 1783 ergossen sich zwei mächtige Lavaströme, der eine 68 und der andere 60 Kilometer weit. Sie erreichten eine Breite von 10 bis 20 Kilometern und eine Dicke von 30, in engen Tälern sogar von 150 Metern.

154. Ein fließender Lavastrom ist eine der merkwürdigsten Naturerscheinungen. Beim Ausfluß über den Rand des Kraters oder aus einem Riß in der Bergseite ist er weißglühend und fließt wie geschmolzenes Eisen dahin. Schon wenige Meter unterhalb ist er dunkelrot und wird immer dunkler, ähnlich einem brennenden Kohlenstückchen, das aus dem Ofen gefallen ist. Die Oberfläche der Lava erkaltet und verhärtet sich so schnell, daß man schon nach wenigen Tagen auf ihr stehen kann, wenn auch nur einen Fuß unter der Oberfläche die Masse noch rotglühend ist. Beim Erkalten wird die Bewegung des Stromes immer langsamer. Er hat das Aussehen einer Anhäufung von Asche oder von Schlacken aus einem Hochofen. Langsam abwärts fließend, ergießt sich der Strom über Bäume und Häuser und begräbt sie unter seiner Masse. Die erkalteten, harten, schwarzen Blöcke zerreiben sich gegenseitig und wälzen sich unter lautem, metallischem Geräusch abwärts. Aus vielen Ritzen in der Lava steigt noch Dampf auf und heiße Schwaden erstickender Dämpfe werden durch jeden Windstoß über ihre Oberfläche getrieben. Steht der Strom endlich still, so bleiben seine inneren Teile noch viele Jahre hindurch heiß, worauf wir in Abschnitt 171 noch näher eingehen werden.

155. Könnten wir einen solchen Lavastrom von oben bis unten durchschneiden oder den Durchschnitt eines älteren untersuchen, der durch einen Fluß bloßgelegt ist, so fänden wir, daß unter der Oberfläche von rauhen, schwarzen oder dunkelbraunen Bruchstücken das Gestein fester wird, von ungewöhnlich dunkler Farbe und voll von Kristallen ist. Von den Kristallen sind einige überaus

klein, andere hingegen mit bloßem Auge sichtbar. Einige Teile sind gewöhnlich voller Löcher, wie in Fig. 25; hie und da findet sich eine große, rauhe Höhlung, ausgekleidet mit zarten Kristallen, die während des langsamen Erkaltens entstanden sind. Einige Lavaströme haben beim Erkalten eine merkwürdige und schöne sechs-

Fig. 28. — Ansicht der Insel Staffa mit der Fingalshöhle.

seitige oder unregelmäßige Säulenform im Innern angenommen. Die Basaltsäulen der Fingalshöhle in Staffa (Fig. 28) sind auf diese Weise entstanden. Diese Säulenbildung kann künstlich nachgeahmt werden, indem man etwas Stärke in warmes Wasser bringt, sie stark umrührt und dann stehen läßt. Beim Erkalten ordnet sich die Stärke auch in Säulen, ähnlich dem Basalt.

156. Sehen wir nun, wo wir derartige Gesteine treffen. Natürlich zunächst an den Abhängen eines tätigen Vulkans, also am Vesuv und Ätna. Wir können sie aber auch bei nicht mehr tätigen Vulkanen finden, z. B. in dem Teile von Mittelfrankreich, wo die erloschenen Vulkane vorkommen, von denen einer auf Fig. 27 dargestellt ist. Dadurch, daß wir lernen, die Spuren alter Lava zu entdecken, sind wir imstande, vulkanisches Gestein an hunderten von Orten nachzuweisen, wo, soweit die Geschichte zurückreicht, nie ein vulkanischer Ausbruch stattgefunden hat. Diese Gesteine legen Zeugnis dafür ab, daß in vorgeschichtlicher Zeit in manchen Gegenden Vulkane waren, wo jetzt volkreiche Städte oder fruchtbare Felder sind.

157. Obgleich es z. B. in Deutschland jetzt keine tätigen Vulkane gibt, kann man nachweisen, daß in alten Zeiten, lang bevor es Menschen auf der Erde gab, Ausbrüche stattgefunden haben. Ein ausgezeichnetes Beispiel ist, wie schon erwähnt, die Eifel auf der linken Seite des Rheines, deren Berge und Hügel zum Teil erloschene Krater sind, die einst die Umgegend mit Gesteinsbomben, Asche und Sand bedeckten. Diese Auswürflinge findet man dort noch in großer Menge. Auch der Kaiserstuhl, ein kleines Gebirge, hart am rechten Ufer des Rheins bei Freiburg i. B. gelegen, verdankt seine Gestalt und Gesteinsbeschaffenheit vulkanischer Tätigkeit.

158. Doch gibt es noch andere kristallinische Eruptiv-Gesteine außer denen, die einst zur Oberfläche aufstiegen und als geschmolzene Lava ausflossen. Granit, den wir schon untersuchten (Abschn. 27), ist ein aus-

gezeichnetes Beispiel von kristallinischem Gestein. Er scheint nicht bis an die Oberfläche emporgetrieben worden zu sein, sondern schon in der Tiefe unter großen Massen anderen Gesteins sich abgekühlt und eine kristallinische Form angenommen zu haben. Dennoch bildet er hohe Berge. Ein Teil der Alpenkette, sowie viele Berge des Schwarzwaldes, der Vogesen und anderer Gebirge bestehen aus Granit; auch entsendet dieser oft Ausläufer in die ihn umgebenden Gesteinsmassen. Das könnte nicht vorkommen, wenn er nicht in flüssigem oder teigartigem Zustande gewesen wäre.

159. Die Frage liegt nun nahe, wie es kommt, daß der Granit, wenn er nicht auf der Oberfläche, sondern unter Gesteinsmassen kristallisierte, doch jetzt auf der Oberfläche zu finden ist und sogar die Gipfel hoher Berge bildet? Diese Frage ist nicht so einfach zu beantworten; wir werden aber wahrscheinlich später imstande sein, es doch zu tun, wenn wir zu den Abschnitten gekommen sind, die von der Erdkruste handeln.

160. **II. Aus Bruchstücken zusammengesetzte Eruptiv-Gesteine.** Das Stück Gestein auf Fig. 29 ist ein Bruchstück einer Schicht von festgewordener, vulkanischer Asche. Wir bemerken, daß es aus eckigen und unregelmäßigen Bruchstücken zusammengesetzt ist. Diese sind kleine Stückchen von Lava oder anderen Gesteinen, die durch die Ausbrüche des Vulkans in die Luft geschleudert wurden. Ferner ersieht man, daß sie, als sie auf den Boden fielen und sich dort übereinander aufhäuften, eine geschichtete Ordnung annahmen. Die untere Lage von groben Bruchstücken deutet auf gröbere vulkanische Asche,

während die darüberliegenden feinen Teile zeigen, daß später feiner Staubregen niederfiel. Dies ist dieselbe Masse, unter der die alte römische Stadt Pompeji begraben wurde. (Vergl. Physikal. Geographie, Abschn. 262.) Sie fiel auf die Häuser und Straßen und bedeckte sie allmählich, während der Ausbruch des benachbarten Vulkans vor sich ging. Bei der gegenwärtig stattfindenden Ausgrabung der Ruinen findet man die Straßen und Zimmer ganz angefüllt mit Schichten von grober und feiner vulkanischer Asche und Staub, die in der auf Fig. 29 angegebenen Weise geordnet sind.

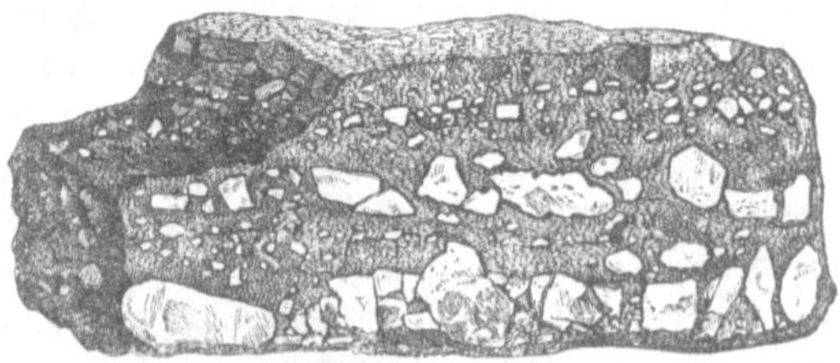

Fig. 29. — Ein Stück vulkanischen Tuffes, entstanden aus festgewordener vulkanischer Asche.

161. Wenn die vulkanische Asche in das Meer oder einen See fällt, so sinkt sie natürlich zu Boden und bildet dort Ablagerungen. So kann sie auch irgendwelche Pflanzen- oder Tierreste bedecken und einbetten, die gerade zur Zeit des Ausbruches auf dem Grunde gelegen haben. Dies ist in früheren Zeiten oft vorgekommen. In Schottland z. B. kommen zwischen den Kohlenlagern derartige Schichten vor. Diese Masse aus festgewordenem vulkanischem Staub und Steinen ist unter dem Namen Tuff bekannt.

II. Woher die Eruptiv-Gesteine kommen.

162. Es ist klar, daß die Eruptiv-Gesteine aus dem glutflüssigen Innern der Erde stammen. Von der Gesamtmasse unseres Planeten können wir nur die äußeren Schichten untersuchen, die, obwohl von der höchsten Bergesspitze bis zum Grund des tiefsten Schachtes reichend, nur einen kleinen Teil der Erde ausmachen. Wir wollen uns im folgenden etwas eingehender mit den Beweisen für die große Hitze im Innern der Erde und mit dem Zusammenhang zwischen dieser Hitze und gewissen Bewegungen und Veränderungen auf der Oberfläche beschäftigen.

163. **Tiefe Bohrlöcher und Bergwerke.** Auf dem Grunde eines tiefen Schachtes ist es viel wärmer als in der Nähe der Oberfläche; je tiefer wir hinabsteigen, um so wärmer wird es. Bohrt man ein tiefes Loch behufs Wassergewinnung in die Erde und läßt ein Thermometer hinunter, so wird sich eine hohe Temperatur herausstellen, und wenn Wasser aufsteigt, so wird es warm sein.

164. Versuche dieser Art sind auf der ganzen Erde gemacht worden mit dem Ergebnis, daß in einer nicht bedeutenden, aber wechselnden Tiefe unter der Erde eine Temperatur erreicht wird, die das ganze Jahr gleich bleibt, und daß unter dieser Grenze die Temperatur auf je 30 Meter um ungefähr 1 Grad Celsius steigt. Wenn die Wärme in diesem Maß zunimmt, würde es uns unbehaglich heiß werden, noch ehe wir sehr weit hinunter kämen. In einer Tiefe von ungefähr 3 Kilometern würde das Wasser den Siedepunkt erreicht haben, und 35 Kilometer tief würde Metall dieselbe Tem-

peratur haben, deren es auf der Erdoberfläche zum Schmelzen bedürfte. Nach diesen Beweisen ist es klar, daß das Innere unserer Erde in einem überaus heißen Zustande sein muß.

165. Tatsachen anderer Art führen zu denselben Schlüssen. Die Stadt Karlsbad ist wegen ihrer Heilquellen berühmt. Diese kommen 66 Grad Celsius (53° R.) heiß aus der Erde; das ist noch bedeutend wärmer, als man das Wasser für ein warmes Bad braucht. Und dieses warme Wasser hat sich zur Oberfläche emporgearbeitet und fließt ab seit Jahrtausenden. In vielen anderen Teilen der Welt kommen ähnliche heiße Quellen vor. Island z. B. hat sehr bemerkenswerte heiße Quellen, Geiser genannt, aus denen in Zwischenräumen heißes Wasser und Dampf mit großem Geräusch ausströmt und hoch in die Luft aufsteigt (Fig. 30). Um solche heiße Quellen in den verschiedenen Gegenden der Erde dauernd zu erhalten, muß die Hitze im Erdinnern sehr groß sein.

166. Weder die Hitze der tiefen Schachte noch die der heißen Quellen gibt ein so anschauliches, belehrendes Bild von der hohen Temperatur im Innern der Erde als die Vulkane. Die heißen Dämpfe, die aus den Kratern der Vulkane aufsteigen, die Ströme heißen Wassers, die mitunter an den Seiten herabfließen, die Ströme von geschmolzener Lava, die hervorbrechen und sich hinabwälzen, wobei sie Bäume, Felder, Gärten und Dörfer verbrennen und begraben — sie alle sind Zeichen von der furchtbaren Hitze, die im Innern der Erde herrscht.

167. In der jetzigen Zeit sind ungefähr 270 Vulkane in Tätigkeit; sie fördern in den verschiedenen Teilen der Erde entweder fortwährend oder in Zwischenräumen Dämpfe, heiße Asche und Lava zutage. (Physikal. Geo-

Fig. 30. — Heiße Quellen oder Geiser in Island.

graphie, Abschn. 263.) Vor allem sind in der Gebirgskette an der Westküste von Amerika die Vulkane zahlreich; einige davon sind sogar sehr hoch, wie der Cotopaxi (5750 Meter). Sie erstrecken sich vom nördlichsten Ende von Amerika über die Aleutischen Inseln und Japan nach dem Malayischen Archipel, wo sie in Java ihre größte Entwicklung erreichen. Von da aus lassen sie sich in weiten Zwischenräumen einerseits bis Neuseeland verfolgen, anderseits durch die Mitte von Asien über das Rote und Mittelländische Meer bis hinauf nach Island, dann wieder zurück nach den Azoren und von da nach Westindien und Mittelamerika. Selbst mitten im ewigen Eise der Südpolarländer hat man sie vorgefunden und ebenso tief in der kalten Zone auf der Insel Jan Mayen.

Fig. 31. — Der Vesuv im ersten Jahrhundert nach Christus als erloschener Vulkan.

168. Aber außer diesen Vulkanen, die noch tätig sind, kommen noch viele andere vor, bei denen man keine Ausbrüche beobachtet hat, und die man ruhende oder erloschene Vulkane nennt. (Siehe Fig. 27 und 31.) Wenn wir auf einer Landkarte jeden Vulkan aufzeichnen sollten, der jemals heiße Gase, Dampf und Asche oder Lava ausgespien hat, so würden wir wahrscheinlich wenig große Flächen auf der Erde finden, auf denen keine

Spur von vulkanischer Tätigkeit nachgewiesen werden kann. Deutschland ist jetzt ganz frei von vulkanischen Ausbrüchen, und doch müßten wir, wie schon früher (Abschn. 157) angedeutet wurde, Stellen auf der Karte dieses Landes bezeichnen, die einst der Schauplatz lang andauernder, vulkanischer Ausbrüche waren.

Fig. 32. — Der Vesuv in seiner heutigen Gestalt als wieder tätiger Vulkan.

Auf diese Weise erkennen wir, wie allgemein die vulkanische Tätigkeit im ganzen auf der Erdkugel war und die Hitze im Erdinnern auf die Oberfläche eingewirkt hat.

169. Die vulkanischen Gesteine sind aber nicht die einzigen Zeugen für die Einwirkung der Hitze des Erdinnern auf die Oberfläche. Die noch mächtigeren Einwirkungen der Erdbeben werden mit großer Wahrscheinlichkeit den Erschütterungen zugeschrieben, welche die Folge der Abkühlung der Erdoberfläche sind. (Physikal. Geographie, Abschn. 265.) Da sich die Körper beim Erhitzen ausdehnen und beim Erkalten zusammenziehen

(Physik, Abschn. 49), so muß die Erde, als sie noch viel heißer war als jetzt, einen größeren Raum eingenommen haben. Sie ist also beim Abkühlen allmählich etwas zusammengeschrumpft. Dieses Zusammenschrumpfen vollzieht sich nicht stetig und gleichmäßig, sondern in Zwischenräumen und plötzlichen Zuckungen besonders längs der Gebirgsketten. Solche zusammenziehende Bewegungen verursachen die Erdbeben, die von dem Mittelpunkt der Störung in Wellenlinien durch die feste Erdkruste gehen.

170. Man wird vielleicht fragen, warum der äußere Teil der Erde nicht schmilzt, da es im Innern des Planeten so heiß ist, oder warum es wenigstens außen nicht wärmer ist? Es ist nicht zu bezweifeln, daß einst vor vielen Millionen Jahren die Erde bedeutend heißer war, als sie jetzt ist. In der Tat glich sie damals unserer brennenden Sonne, von der sie wahrscheinlich einstmals einen Teil bildete, und von der sie und die anderen Planeten sich nach und nach loslösten. Während des unermeßlichen Zeitraumes, der seitdem verstrichen ist, hat sich die Erde allmählich abgekühlt, und so ist die Hitze im Innern nur der Überrest des heftigen Feuers, das einst den ganzen Planeten durchglühte. Die äußeren Schichten sind abgekühlt und erstarrt, sie sind jedoch schlechte Wärmeleiter und lassen die Hitze aus dem Innern nur äußerst langsam zur Oberfläche gelangen. (Physik, Abschn. 64, 65.) Trotz des hohen Wärmegrades im Innern merken wir doch nicht, daß die Außenfläche der Erde hiedurch erwärmt wird.

171. Wenn wir uns nochmals die Geschichte eines Lavastromes vergegenwärtigen, so finden wir es nicht so schwer, den großen Unterschied zwischen der Tempe-

ratur des Erdinnern und der Oberfläche zu begreifen. Die dem Krater entströmende Lava gleicht geschmolzenem, weißglühendem Eisen. Wir können uns ihr vor sengender Hitze nicht nähern und das weiße Licht blendet die Augen (Abschn. 154). Trotzdem ist, wie schon hervorgehoben wurde, eine kurze Strecke tiefer die Masse schwarz, hart und kalt genug, um betreten zu werden. Aber unter dieser kalten äußeren Kruste kann das Innere noch rotglühend sein. Kämen wir nach vielleicht zwölf Jahren zu derselben Stelle, so wäre die Oberfläche ganz kalt, ein Meer von schwarzen, rauhen Gesteinsstücken, und dennoch würde in der Tiefe das Gestein noch genügend glühen, um die Hitze in Dampfwolken aus den Spalten entweichen zu lassen, in die wir unsere Hand nicht halten könnten, ohne sie zu verbrennen. Wenn also schon ein bloßer Lavastrom so lange Zeit braucht, um bis unten hin zu erkalten, so begreifen wir, warum die ungeheure Masse unserer Erde im Innern noch sehr heiß ist, während die äußeren Teile schon seit undenklichen Zeiten erstarrt und kalt sind.

172. Außer den soeben erwähnten Erdbeben (Abschn. 169) sind noch andere Wirkungen der Zusammenziehung der Erde in den Gesteinen sichtbar. Das Zusammenziehen ruft eine außerordentliche Spannung in den äußeren Teilen hervor, die, da sie aus so sehr verschiedenen Stoffen, wie Sedimentär-Gesteine und eruptive Gesteine, bestehen, dem Druck an manchen Stellen mehr nachgeben, als an anderen. Und so wird die Oberfläche der Erde, der Schale eines getrockneten, runzeligen Apfels nicht unähnlich, an vielen Orten Bergrücken bilden und an andern einsinken, außer-

dem noch zerquetscht und geborsten sein. Die Beweise für diese Vorgänge sollen in den folgenden Abschnitten gegeben werden.

Die Erdkruste.

I. Beweise, daß Teile der Kruste in die Höhe getrieben worden sind.

173. Wir haben jetzt den ersten Teil der Aufgabe beendet, die wir uns im Anfang stellten (Abschn. 41), nämlich herauszufinden, aus welchen Bestandteilen der große steinerne Boden der Erde zusammengesetzt ist. Wir haben mancherlei über die drei großen Gesteinsklassen, welche diesen Boden bilden, gelernt — wie sie entstanden, und wo man sie findet. Während wir aber diese Tatsachen über die Erde lernten, haben wir auch gesehen, daß die Gesteine nicht bloß eine dünne Decke bilden, wie ein hölzerner Boden, unter dem wir etwas ganz anderes finden. Unter die Gesteine können wir nicht dringen. Tiefer als der tiefste Schacht reicht oft dieselbe Gesteinsart, die auch auf der Oberfläche vorkommt. Wir müssen uns immer durch irgendwelche Art von Gestein den Weg bahnen, um soweit wie möglich in die Eingeweide der Erde einzudringen.

174. Diesen festen, felsigen, äußeren Teil der Erde, auf dem wir leben, in welchen die Menschen Schachte bohren und aus dem Quellen entspringen, nennt man die Erdkruste. Dieser Name wurde gebräuchlich, als die Menschen zuerst vermuteten, daß das ganze Innere des Planeten eine äußerst heiße, flüssige Masse sei, mit einer verhältnismäßig dünnen, kalten Kruste. Es ist

viel darüber gestritten worden, ob die Hauptmasse im Erdinnern flüssig oder fest ist; alle Forscher, welche Ansicht sie auch haben mögen, stimmen aber darin überein, daß sie diesen Ausdruck, die Erdkruste, gebrauchen und damit den Teil der Erde bezeichnen, den die Menschen vom höchsten Bergesgipfel bis in den tiefsten Schacht durchforschen können.

175. Die Gesteine, aus denen diese Kruste besteht, gehören meistens zu den Sedimentär-Gesteinen, eine große Zahl zu denjenigen organischen Ursprungs, und eine kleinere, aber immer noch beträchtliche, zu den eruptiven Gesteinen. Aus diesen Teilen besteht die feste Erde, wenigstens bis in die Tiefen, die der Mensch imstande ist zu erforschen.

176. Nach den in den früheren Abschnitten bewiesenen Tatsachen ist es klar, daß viele dieser Gesteine jetzt nicht mehr in ihrer ursprünglichen Stellung sind. Unser Steinbruch (Abschn. 104) tat uns z. B. kund, daß seine Gesteine einst einen Teil des Meeresgrundes bildeten. Ferner waren die Kohlenlager, die so tief in der Erde begraben liegen, ehemals grünende Wälder oder Buschland auf der Oberfläche (Abschn. 128). Wie konnte ein Meeresboden zu trockenem Land werden und wie kommt es, daß ein Wald auf der Oberfläche der Erde von oft über 100 Metern festen Gesteins bedeckt wurde?

177. Fangen wir damit an, zu erforschen, auf welche Weise ein Teil des Meeresbodens in trockenes Festland verwandelt wurde. Um die Umwandlung so deutlich wie möglich verfolgen zu können, wollen wir eines der leichtesten Beispiele wählen.

178. Um die Küste einiger Teile von Großbritannien, wie auch um Teile der gegenüberliegenden Küste von Frankreich, läuft eine niedrige, flache Terrasse, auf der einen Seite durch das Meer und auf der andern durch Klippen oder Abhänge begrenzt. Hafenstädte sind auf

Fig. 33. — Ansicht einer gehobenen Meeresküste.

dieser Terrasse gegründet worden, z. B. Teile von Glasgow, Greenock und Leith. Sie ist so flach, daß auf ihrer Oberfläche meilenweit Wege zwischen Getreidefeldern, Wiesen und Häusern hinführen. Wir können uns eine ungefähre Vorstellung davon nach Fig. 33 machen, die zeigt, wie flach die Terrasse ist, und wie wenig sie sich am äußern Rande über das Meer erhebt. Dem Lande zu ist sie oft von steilen Klippen begrenzt, an deren Fuß sich zahlreiche Höhlen befinden, genau wie unsere Abbildung zeigt. Wenn wir an irgendeiner Stelle dieser Terrasse stehen und sehen, wie sich die Fläche längs der Klippen und Abhänge hinwindet, würde da nicht plötzlich der Gedanke in uns aufsteigen, daß wir uns vor den Umrissen einer alten Küste befinden? Wir vermögen uns ohne Schwierigkeit vorzustellen, daß das Meer einst diese Terrasse bedeckte und die Wellen an den Fuß der Klippen und Abhänge anschlugen.

179. Könnten wir wohl beweisen, daß dieser Gedanke mehr als eine bloße Einbildung ist? Wir wollen sehen. Begeben wir uns zu diesem Zweck an die Landseite der Terrasse und untersuchen wir genau die Höhlen, die wir finden. Wie konnten die Aushöhlungen in den festen Fels gebohrt werden und zwar alle in derselben Reihe und auf derselben Höhe, so daß der Boden einer jeden mit der Terrasse gleich hoch ist? Besuchen wir doch eine dieser Höhlen. Gewinde von Efeu und Geisblatt hängen vielleicht in wirren Massen über der Öffnung, und wir müssen uns den Weg mühsam durch Gestrüpp von Dornbüschen bahnen. Schließlich gewinnen wir aber den Eingang der Höhle, der durch vom Wasser gerundete Steine halb verschüttet ist. Von der Decke hängen an vielen Stellen Farrenkräuter, Moose und Leberwurz, auch die Seiten sind von Grün bedeckt. Wir erblicken aber noch genug vom nackten Felsen und bemerken, daß er glatt gerieben ist und dasselbe Aussehen hat, wie die vom Wasser hin- und hergerollten Steine unter unseren Füßen. Dann gehen wir hinaus und betrachten die nackten Gesteine oben an der Klippe; wir sehen, wie rauh und scharfeckig sie sind, da sie von Zeit zu Zeit unter dem Einfluß des Wetters absplittern. Die Wände der Höhle

sind durch irgendeine Ursache glatt geworden, die Außenseite der Klippe durch eine andere rauh.

180. Die Erklärung dieses Unterschiedes wird uns leicht, wenn wir uns an das erinnern, was an dem Fuß einer aus hartem Gestein bestehenden, von den Wellen bespülten Klippe geschieht (Abschn. 66—68). Wir haben gesehen, daß die Felsen, wo sie die Wellen erreichen können, durch das fortwährende Anprallen der Steine glatt gerieben werden. Und jede Höhle, in welche die Wellen Steine aus- und einwälzen und schleudern, wird in derselben Weise abgeschliffen. Ein einziger Vormittag,

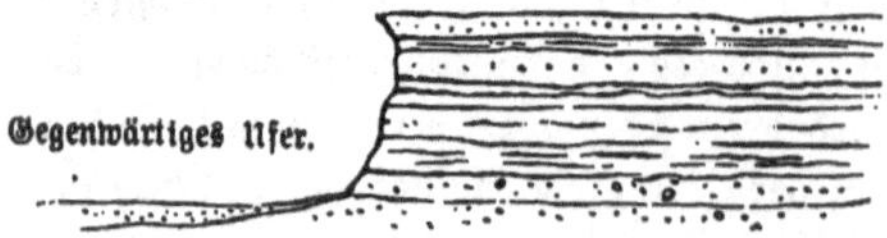

Fig. 34. — Durchschnitt einer gehobenen Meeresküste.

den wir an einer solchen Stelle zubringen, gibt uns so viel Belehrung, daß wir nie wieder vergessen, in welcher Weise die Außenflächen der Steine durch die Wellen geglättet werden. Aber alles, was über dem Bereich der Brandung liegt, ist dem Einfluß anderer Kräfte ausgesetzt. Regen, Frost und Quellen wirken vereint darauf hin, daß die Klippe verwittert und Stücke herausbrechen, so daß ihre Oberfläche das rauhe, eckige Aussehen annimmt, das so sehr von demjenigen der vom Wasser abgenutzten Steine absticht.

181. Nachdem wir beobachtet, was längs einer Seeküste vorgeht und unsere Wahrnehmungen mit den an der Binnengrenze unserer Terrasse gemachten verglichen haben, finden wir dieselben so genau übereinstimmend,

daß wir zu dem Schluß berechtigt sind, daß die Klippenreihe einst dicht am Meere stand, daß die Wellen ihren Fuß umspülten und die Höhlen hineinbohrten. So wird die Reihe der weit im Lande stehenden Klippen zum Denkmal für eine ehemalige Meeresküste.

182. Es zeigen sich uns aber noch weitere Beweise für die frühere Ausdehnung des Meeres bis zu den Klippen, wenn wir die Terrasse selbst befragen. Graben wir an irgendeiner Stelle, so finden wir Sand und Kiesel, oft mit sehr vielen Muscheln. Ein Blick auf den äußeren Rand der Terrasse, wo das Meer sie allmählich abspült, zeigt uns, daß Sand und Kiesel in Schichten liegen, gerade wie am jetzigen Strand, und daß die Muscheln zu denselben gewöhnlichen Arten gehören, die bei jeder Flut auf den Sand geschwemmt werden. Wir entdecken, daß in der Tat die Terrasse nur ein früherer Strand ist, und daß das Meer die Gegenstände auf der Terrasse angehäuft hat, als es die Löcher am Fuß der Klippen aushöhlte. So beweisen die Terrasse und die Höhlen, daß eine Veränderung in der Küstenform vorgegangen ist.

183. Indem wir die Höhe des Bodens der Höhlen und der Terrasse über dem jetzigen Hochwasserstand messen, können wir den Unterschied zwischen der Höhe des jetzigen und des früheren Wasserstandes feststellen. Wir wollen annehmen, daß der Unterschied jetzt 5 Meter beträgt; es ist klar, daß entweder das Land sich erhoben hat oder das Meer um so viel gesunken ist.

184. Wenn wir die Ruhelosigkeit des Meeres beobachten, mit seiner Ebbe und Flut, seinen Wellen und Strömungen, und mit dieser unaufhörlichen Bewegung

die ruhige Beständigkeit des Landes vergleichen, so vermuten wir bestimmt, daß, wenn in der Stellung zwischen Land und Meer eine Änderung eintritt, viel eher das Meer seinen Platz wechselt, als das Land. Überlegen wir aber einmal, was ein Wechsel der Höhe der Meeresoberfläche an irgendeiner Stelle zur Folge hätte. Wenn ich an einem Ende eines Teiches den Boden vertiefe, fällt da das Wasser gerade an derselben Stelle, wo ich gegraben habe? Gewiß nicht, sondern die Wasserhöhe des ganzen Teiches senkt sich. Ebenso kann ich eine Menge Steine und Erde hineinwerfen, um einen Teil des Teiches seichter zu machen, dann erhebt sich das Wasser nicht nur an dieser Stelle, sondern die ganze Fläche steigt.

185. Denken wir uns nun anstatt des Teiches das Meer, das nur eine ungeheure Wasserfläche ist. Wir sehen, daß ein Wechsel der Wasserhöhe in einer Gegend sich notwendiger Weise über die ganze Erde verbreiten muß, bis die gleichmäßige Höhe wieder hergestellt ist. Wenn das Meer an unserer Terrasse (Fig. 33, 34) 5 Meter gesunken ist, muß auf der ganzen Erde ein Sinken der Wasserhöhe stattgefunden haben. Ist dies aber der Fall? Wie könnten wir diese Tatsache feststellen?

186. Es ist klar, daß, wenn unsere Terrasse durch das Sinken des Meeresbodens trocken geworden wäre, wir gleiche Terrassen auf der ganzen Erde finden müßten. Wir brauchten gar nicht weit zu reisen, um festzustellen, daß es keine solche allgemeine Terrasse gibt. Selbst bei Betrachtung der Küsten von Deutschland oder von Großbritannien würden wir finden, daß ein allgemeines Fallen des Ozeans nicht stattgefunden hat. An vielen

Teilen der Küste kommt gar keine Terrasse vor, auch haben durchaus nicht alle Terrassen dieselbe Höhe.

187. Manchmal erhebt sich eine Anzahl Terrassen übereinander, von denen jede eine frühere Küste bezeichnet. Im Norden von Norwegen kommen sie in großer Vollkommenheit vor (Fig. 35), bis zur Höhe von gegen 100 Metern. Sie erscheinen dem Auge voll-

Fig. 35. — Terrassen (gehobene Meeresküsten) am Alten-Fjord in Norwegen.

ständig wagerecht; wenn wir sie aber genau messen, so findet sich, daß sie sich manchmal am obern Ende der langen Buchten, längs welcher sie sich erstrecken, etwas erheben, so daß eine Terrasse, die gegen das Meer zu ungefähr 20 Meter hoch über dem Meeresspiegel liegt, landeinwärts etwa 25 Meter hoch ist. Dieser Unterschied der Höhe auf einer kurzen Strecke beweist, daß etwas anderes, als das Sinken des Meeres vorgegangen ist; denn wenn das die Ursache des Entstehens der Terrassen wäre, so müßten sie doch alle so wagerecht wie die Oberfläche des Meeres selbst sein, oder man müßte wenigstens Spuren von übereinstimmender Höhe in den verschiedenen Gegenden finden.

188. So sonderbar es uns vielleicht scheint, ist es doch nichtsdestoweniger wahr, daß nicht das Meer sinkt, sondern daß sich das Land erhebt. Nun begreifen wir, warum es in manchen Gegenden Terrassen gibt und in andern nicht, und wie dieselbe Terrasse an verschiedenen Stellen von verschiedener Höhe sein kann. Denn das Land kann an manchen Stellen gehoben worden sein und an andern nicht, ebenso an vielen höher als an andern. Die alte Meerterrasse (Fig. 33) nennt man einen gehobenen Strand, weil sie aus Kies, Sand und anderen Bestandteilen eines Strandes zusammengesetzt ist, die über den Meeresspiegel gehoben worden sind.

189. Jeder solche gehobene Strand deutet auf ein früheres Meeresufer und auf seine Erhebung zu trockenem Land. Wo viele Terrassen übereinander vorkommen, wie in Norwegen (Fig. 35), zeigen sie uns, daß das Land während langer Zeit in Zwischenräumen gehoben wurde; die Zeit zwischen zwei Erhebungen, in der das Land stillstand, ist durch eine Terrasse oder einen gehobenen Strand bezeichnet. Natürlich muß die höchste Terrasse die älteste sein und ist aus diesem Grunde oft weniger vollkommen, als die neueren, da sie schon viel unter dem Einfluß verschiedener Kräfte, wie Regen, Frost und Ströme gelitten hat, die ja so geschäftig sind, die Oberfläche der Erde zu zerstören. (Physikalische Geographie, Abschn. 133—147.)

190. In manchen Gegenden der Welt können wir beobachten, wie der Boden gerade im Erheben begriffen ist. Im Südosten von Schweden hat man z. B. Felsen an der Stelle bezeichnet, wo sie das Hochwasser erreichte, und im Laufe der Jahre fand man, daß sie sich beträchtlich über ihre frühere Höhe erhoben hatten. Nach derartigen Beobachtungen hat man festgestellt, daß sich das Land dort im Laufe eines Jahrhunderts um etwa 60 bis 80 Zentimeter erhebt. Diese Bewegung scheint fast zu gering zu sein, um bemerkt zu werden, außer bei ganz genauen Messungen; und dennoch würde der jetzige Strand, wenn das Erheben noch tausend Jahre fortdauerte, 6 bis 8 Meter über den Meeresspiegel gestiegen sein.

191. Wir sehen, daß das Erheben des Meeresbodens, so merkwürdig es uns erscheinen mag, nicht nur eine Erscheinung der Vergangenheit ist, sondern auch noch jetzt auf manchen Teilen der Erde langsam vor sich geht. Und gerade so wie sich die Küste von Schweden nicht mit Schnelligkeit oder mit einem Ruck erhebt, so mag auch in alten Zeiten die Erhebung des Meeresbodens zu trockenem Lande ein langsamer und ruhiger Vorgang gewesen sein.

192. Die Gesteine jedes Landes bieten genug Beweise dafür, daß der Meeresboden wiederholt zu trockenem Lande geworden ist. Dieser Beweis wird hauptsächlich durch die Reste von Korallen, Seesternen, Muscheln und anderen Seetieren geführt, die man im Gestein eingeschlossen findet. (Abschn. 94—103.) Die Höhe, in der diese Reste gefunden werden, geben uns einen Begriff von der Ausdehnung der Erhebung Die Muscheln unseres erhobenen Strandes (Abschn. 182) zeigen nur eine Er-

hebung von ungefähr 5 Metern. Wenn wir aber solche Muscheln in der Höhe von 5000 Metern finden, so beweist diese Tatsache, daß der Meeresboden wenigstens so hoch erhoben worden ist (Abschn. 113). Durch derartige Zeugnisse erfahren wir, daß bei weitem der größte Teil des trockenen Landes sich Stück für Stück aus dem Meere erhob, und daß die Bewegungen durchaus nicht regelmäßig oder gleichförmig waren, indem einige Teile viel höher gehoben wurden als andere.

II. Beweise, daß Teile der Erdkruste sich gesenkt haben.

193. Wir haben soeben einige Tatsachen verfolgt, die uns beweisen, daß die Oberfläche der Erde von Zeit zu Zeit gehoben worden ist, so daß Teile des Meeresbodens zu trockenem Lande wurden. Andere Bewegungen gerade entgegengesetzter Art haben Teile des Landes zu Meeresboden gemacht.

194. An manchen Stellen der englischen Küste kommt zwischen den Grenzen der Ebbe und Flut eine sehr interessante und merkwürdige Erscheinung vor. Aus der flachen, sandigen Oberfläche des Strandes sieht eine Anzahl dunkler Stumpfe heraus, die wir bei genauer Untersuchung als die Stummel von Bäumen erkennen. Wenn wir den Sand des Strandes weggraben, so stoßen wir auf dunklen Lehm oder Erde, aus der die Baumstumpfe hervorragen, und aus der wir Haselnüsse, Blätter und Zweige verschiedener Bäume und hie und da vielleicht auch die Flügeldecken eines Käfers oder die Knochen eines Landtieres auflesen können. Betrachten wir Stumpf für Stumpf, so sehen wir, daß alle in der gewöhnlichen

Stellung der Bäume sind. Die dunkle Erde, in der sich die Wurzeln der Bäume ausbreiten, ist offenbar ein alter Grund, in dem sich bis auf den heutigen Tag die Blätter, Zweige und Nüsse, die von den Bäumen fielen, sowie Stückchen von Insekten, die sich in dem verfaulenden Holz aufhielten, erhalten haben. Diese Stumpfe am Strande sind offenbar Teile eines alten Waldes.

Fig. 36. — Durchschnitt eines versunkenen Waldes.

195. Können denn die Bäume je dort gewachsen sein, wo wir jetzt ihre Reste sehen? Auf keinen Fall; die Haselstaude, Birke, Erle und Eiche, aus denen die meisten Stämme bestehen, würden absterben, wenn sich ihre Wurzeln und Stämme fortwährend unter Salzwasser befänden. Wir sehen jetzt nie unter der Grenze der Ebbe solche Bäume wachsen und können uns nicht denken, daß es je so war. Wenn die Bäume auf dem Strande dort gewachsen sind, wo jetzt noch ihre Reste stehen, und wenn sie nicht im Meer gewachsen sein können, dann muß entweder das Meer gestiegen sein und sie überflutet haben, oder das Land muß gesunken sein und mit ihm die darauf wachsenden Bäume. Wir haben aber schon gelernt (Abschn. 188), daß bei einem Wechsel der Höhe niemals anzunehmen ist, daß das Meer seine Höhe ändert, und müssen also das Versinken der alten Bäume einer

Senkung des Landes zuschreiben. Diese versunkenen Wälder hat man daher als Beweise für das Sinken der Erdoberfläche anzunehmen, sowie man den erhobenen Strand auf eine Hebung derselben zurückführt.

196. Es ist klar, daß es viel schwerer ist nachzuweisen, daß Land gesunken, als daß solches gehoben ist. Denn wenn eine Strecke Land unter Wasser gesunken ist, so verwischen die Wellen sehr bald jede Spur der früheren Landoberfläche, wie sie jetzt die versunkenen Wälder wegspülen; während anderseits bei Umwandlung des Meeresbodens in trockenes Land immer erhobene Küsten oder alte vom Wasser ausgewaschene Höhlen zurückbleiben, die den Platz bezeichnen, den einst die Salzflut bedeckte.

197. Auf verschiedenen Teilen der Erde hat man beobachtet, daß das Meer nach und nach in das Land einzudringen scheint. In Wirklichkeit ist es aber das Land, das im Meer versinkt. Gegen hundert Meilen des südlichen Teils von Grönland sind z. B. seit den letzten Jahrhunderten langsam gesunken, so daß Gesteine, die einst außer dem Bereich der Flut lagen, sich jetzt unter Wasser befinden. Die Bewohner mußten sich mit ihren Häusern immer weiter in das Innere des Landes zurückziehen.

198. Andere Beweise wurden schon in den vorhergehenden Abschnitten gegeben. Die Kohlenlager z. B., die einst als grünende Wälder auf der Oberfläche wuchsen, findet man jetzt tief in der Erde begraben (Abschn. 122). Auf welche Weise gelangten sie dahin?

199. Manche Kohlenschachte sind mehr als 300 Meter tief. Wenn wir alle Schichten sehen könnten, die durch-

schnitten wurden, um den langen Schacht herzustellen, so würden wir darunter wohl noch mehr Kohlenlager finden, als das eine auf dem Grunde, in dem gearbeitet wird. Man arbeitet in der Tat oft in mehreren Kohlenflözen, die alle in verschiedener Höhe in demselben

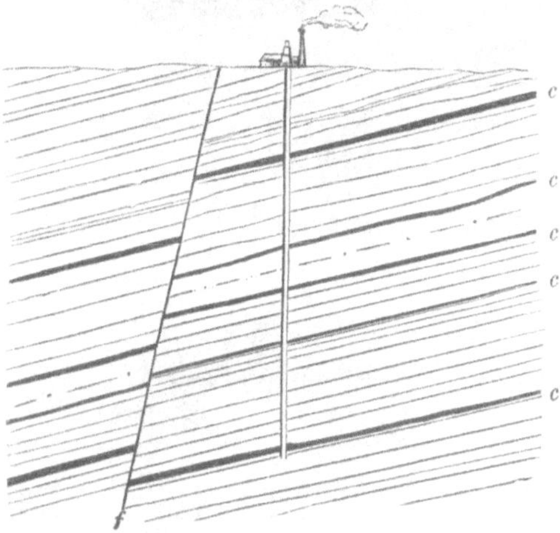

Fig. 37. — Durchschnitt der Schichten in einem Kohlenbergwerk. c Kohlenlager (Kohlenflöz), f Verwerfung im Gestein.

Schacht liegen. Am besten können wir ihre Stellung nach dem Durchschnitt (Fig. 37) verstehen, der das Übereinanderliegen der Gesteine in einem Schacht darstellt. Wir sehen, daß die unterste Schicht, bis zu welcher der Schacht reicht, die fünfte ist; man hat sie vorderhand ausgewählt, weil sie eine bessere Art Kohle enthält, als die anderen darüberliegenden Schichten, und daher mehr Geld einbringt.

200. An einem solchen Durchschnitt, wie der auf Fig. 37 dargestellte, der nur das zeigt, was man bei

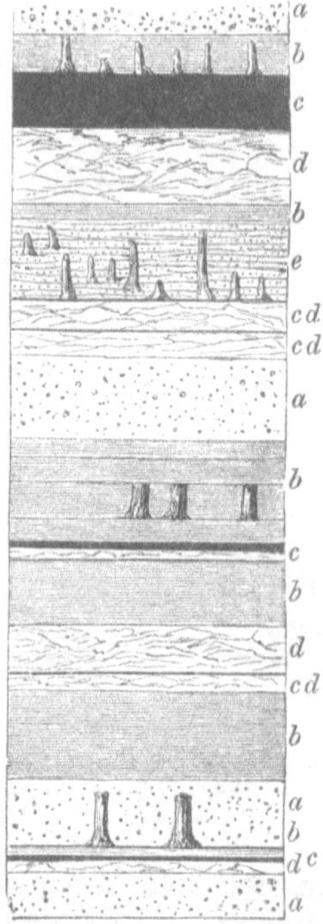

Fig. 38. — Durchschnitt eines Teiles des Cap Breton-Kohlenlagers, das sieben alte Erdoberflächen aufweist mit ebensoviel Wäldern. *a* Sandstein; *b* und *e* Schieferton; *c* Kohlenlager; *d* Tonschicht (frühere Erdoberfläche).

jedem Kohlenlager bemerken kann, sehen wir, daß die merkwürdige Umwälzung, durch die ein grüner Wald unter der Erde begraben wurde, nicht einmal, sondern öfter vor sich ging; denn jede Kohlenschicht war einst eine grünende Ebene, welche die Sonne beschien und auf der schöne Bäume und Farrenkräuter wuchsen. Sogar im Sandstein oder Schieferton findet man versteinerte Baumstämme, genau in der Stellung, in der sie wuchsen, mit den Wurzeln noch im alten Boden (Fig. 38).

201. Die unterste Lage ist natürlich die älteste (siehe Abschn. 107). Daher mußte die unterste Kohlenschicht begraben gewesen sein, ehe die späteren Wälder auf ihr wachsen konnten. Sie wuchs jedenfalls auf einer großen, sumpfigen Ebene, die, als der Boden sank, zu einer Wasserfläche wurde. Sand und Schlamm wurden in dieses Wasser geschwemmt und auf dem versunkenen Wald abgesetzt. Sie bilden die Sandstein- und Schiefertonschichten, die über der Kohle liegen. Der Sand und Schlamm mußte natürlich mit der Zeit die Wasserfläche ausfüllen, und als er bis an den Rand gestiegen war, faßte wieder eine neue Pflanzenwelt darin Wurzel und wuchs so üppig, wie der begrabene Wald. Nachdem dies geschehen war, sank der Boden von neuem, dieser zweite Wald kam unter Wasser und wurde von neuem durch Ansammlungen von Sand und Schlamm bedeckt. Daraus geht hervor, daß jedes Kohlenlager auf eine Zeit hinweist, wo das Sinken nahezu oder ganz aufhörte und wo eine üppige Vegetation sich über die sumpfigen Niederungen ausbreitete, während Sandstein und Schieferton den Wiederbeginn der sinkenden Bewegung und die neue Ablegung von Sediment bezeugen.

202. Unsere Kohlenfelder sind also in sinkenden Gegenden entstanden, und dieses Sinken ging nicht fortwährend, sondern in Zwischenräumen vor sich. Daß es

unendlich lange Zeit gedauert hat, geht daraus hervor, daß die Schichten der Kohlenfelder oft über 1000 Meter dick sind und daher viele Zeit zu ihrer Bildung gebraucht haben.

203. Zwei Tatsachen sind uns jetzt hinsichtlich der Erdkruste ganz klar; erstens, daß sie oft gehoben worden ist, so daß sie über den Spiegel des Meeres emporstieg; und zweitens, daß sie eben so oft versank und Teile des Landes unter dem Meeresspiegel begraben wurden. Sie kann aber diese Bewegungen nicht durchmachen, ohne auch noch andere Veränderungen zu erleiden, die im folgenden besprochen werden sollen.

III. Beweise, daß die Gesteine der Erdkruste erschüttert, verschoben und geknickt worden sind.

204. Wenn man überlegt, wie oft die Erdkruste gehoben worden ist oder sich gesenkt hat, so kann es nicht überraschen, daß die Gesteine nicht nur öfter auf und ab bewegt, sondern auch verschoben und zerbrochen worden sind. Hieraus ergibt sich, daß die Erdrinde, anstatt aus regelmäßigen Lagen, wie die Häute der Zwiebeln, zu bestehen, so gequetscht und geknickt worden ist, daß manchmal die ältesten Gesteine weit über die jüngeren gehoben wurden.

205. Um die Beweise für diese großen Umwälzungen auf der Erdoberfläche aufzufinden, wollen wir mit einem einfachen Beispiel beginnen, indem wir zu der Ansicht und dem Durchschnitt des gehobenen Strandes zurückkehren (Fig. 33 und 34). Die alten Sand- und Kiesschichten sind ohne Zweifel über ihre frühere Höhe gehoben worden, sind aber sonst ungestört geblieben. Sie

liegen noch so wagerecht, wie sonst. Wird dies aber überall auf der Terrasse der Fall sein? Wir stellten fest, daß sich die Terrasse nicht um das ganze Land erstreckt, sondern daß sie sich nach manchen Richtungen hin verliert und folglich die Erhebung nicht allgemein sondern nur an manchen Stellen stattfand. Es ist klar, daß, obgleich der erhobene Teil infolge gleichmäßiger Erhebung auf viele Meilen dieselbe Höhe hat, dennoch zwischen den wagerechten Schichten, die gehoben wurden, und denen, die außerhalb der gehobenen Gegend in der früheren Höhe liegen blieben, ein längerer oder kürzerer Zwischenraum sein muß, wo sich die Schichten vom gehobenen bis zum feststehenden Boden neigen.

206. Um dies anschaulich zu machen, wollen wir eine Anzahl von Tüchern auf den Tisch legen, welche die verschiedenen Schichten darstellen und ebenso wagerecht wie diese daliegen. Wenn wir sie aber an irgendeiner Stelle aufheben, so senken sie sich auch von der erhobenen zur liegengebliebenen Stelle herab. Wir wollen z. B. einen flachen Teller unter sie schieben, um eine größere Fläche aufzuheben. Über der Fläche des Tellers liegen die Tücher auch flach wie bei unserem gehobenen Strande; von dieser erhobenen Ebene senken sie sich aber zu den ungestört gebliebenen Stellen herab. So sehen wir, wie eine örtliche Erhebung, mag sie auch auf einer großen Strecke die Lagen wagerecht erheben, dennoch an den Grenzen der Bewegung eine Neigung hervorruft.

207. Wo immer Schichten an einer Stelle mehr gehoben worden sind wie an der andern, ohne durchbrochen worden zu sein, müssen sie in eine geneigte Lage geraten.

Diese ungleiche und unregelmäßige Art der Bewegung ist oft auf den verschiedenen Teilen der Erde vor sich gegangen. Wenn wir auf die geschichteten Gesteine irgend einer Gegend blicken, so werden wir sie selten ganz eben finden, gewöhnlich sind sie geneigt, manchmal sanfter, manchmal steiler, so daß sie nicht nur aus dem Meere erhoben, sondern unregelmäßig und ungleich bewegt worden sind.

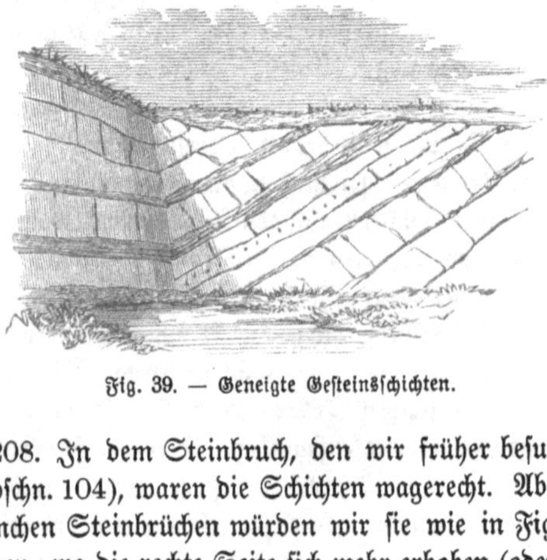

Fig. 39. — Geneigte Gesteinsschichten.

208. In dem Steinbruch, den wir früher besuchten (Abschn. 104), waren die Schichten wagerecht. Aber in manchen Steinbrüchen würden wir sie wie in Fig. 39 finden, wo die rechte Seite sich mehr erhoben (oder die linke Seite mehr gesenkt) hat, als die andere. In manchen Gegenden finden wir Schichten, die sich so geneigt haben, daß sie auf dem Kopfe stehen, wie eine Reihe Bücher auf einem Brett (Fig. 40). Da sie aus Sedimenten bestehen, die sich nur in einer flachen oder ganz sanft abfallenden Gegend ansammeln konnten, sehen wir sofort, daß sie nicht ursprünglich auf der Kante gestanden haben,

sondern erst durch unterirdische Veränderungen in diese Stellung gekommen sind.

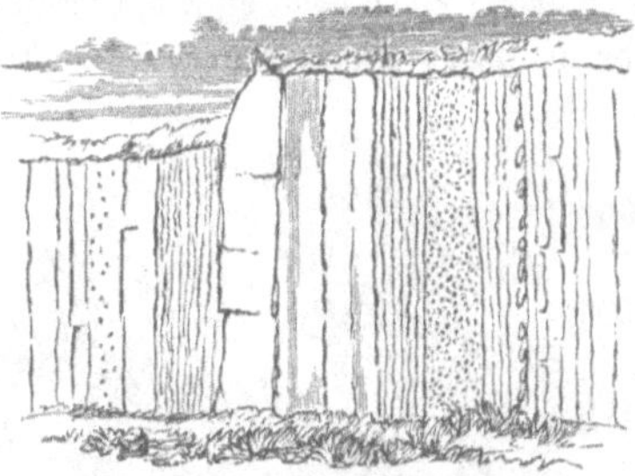

Fig. 40. — Senkrechte Gesteinsschichten.

209. Aber dies ist nicht alles. Wenn wir die Tücher flach auf den Tisch legen (Abschn. 206) und sie von beiden Enden aus pressen, werden sie faltig werden (Fig. 41).

Fig. 41. — Tücher, die durch Pressung gefaltet werden.

Während der Bewegungen, durch welche die Schichten erhoben wurden, sind in derselben Weise ähnliche Faltungen entstanden. Auf Fig. 42 ist z. B. dargestellt, wie die harten Gesteine gefaltet und ineinander geschoben worden sind, als wären sie bloße Tuchschichten. Wie ungeheuer muß der Druck gewesen sein, dem sie ausgesetzt waren, ehe sie in diese Formen gepreßt wurden!

Fig. 42. — Ansicht von gefalteten Schichten.

210. Ein Unterschied wird uns zwischen den Tüchern und den Gesteinsschichten auffallen. Die einen sind weich und biegsam, während die andern hart und spröde sind. Wir vermögen aber selbst die sprödesten Gesteine etwas zu biegen, und wenn das durch die verhältnismäßig schwache Kraft des Menschen geschehen kann, ist es begreiflich, wie die Gesteine unter dem ungeheuren Druck, dem sie in den Tiefen der Erde ausgesetzt waren, ehe sie erhoben wurden, gleich biegsamen Tuchlagen gefaltet werden konnten.

211. Dennoch wird manchmal die Grenze erreicht, wo sie eher brechen, als daß sie sich noch mehr biegen. Dann entstehen Sprünge und die Schichten werden entweder hinaufgedrängt oder sinken hinunter. Wir sehen einen dieser Sprünge oder Verwerfungen, wie man sie nennt, bei *f* in Fig. 37, wo die Kohlenlager mit den dazwischenliegenden Schichten durchgebrochen sind, und die auf der einen Seite des Bruches befindlichen tiefer als die auf der andern liegen. Derartige Verschiebungen oder Verwerfungen kommen so oft vor, daß die ganze Erdoberfläche eigentlich aus einem Netzwerk von Sprüngen besteht. Sie greifen sehr hindernd in die Arbeit der Kohlenbergwerke ein. In dem auf Fig. 37 dargestellten Bergwerk müssen alle Gänge, die vom Schacht aus nach links in die Kohlenschichten gehauen werden, dort geändert werden, wo die Kohle von der Verwerfung *f* durchschnitten wird.

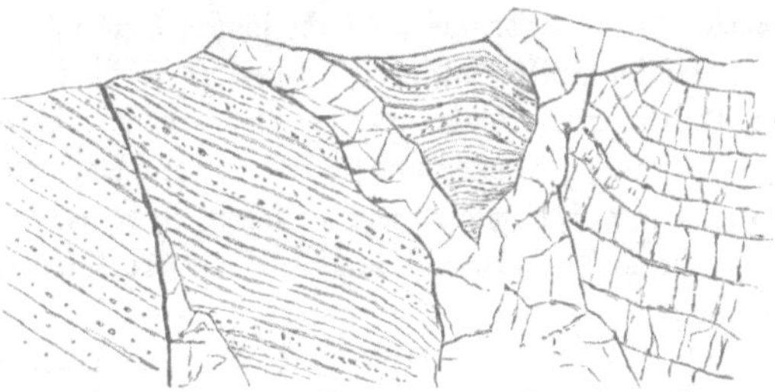

Fig. 43. — Durchschnitt von eruptivem Gestein, das in die Verwerfungen der Erdkruste eingedrungen ist.

212. Oft sind in die Sprünge geschmolzene Massen von vulkanischen Gesteinen hineingepreßt worden und in ihnen so aufgestiegen, daß sie die benachbarten

Gesteine durchsetzen. In dem Durchschnitt Fig. 43 haben z. B. zwei solche Verwerfungen in den Gesteinen stattgefunden, so daß drei verschiedene Gruppen, A, B und C ihre Stelle verändert haben. In einem dieser Risse hat sich die Masse des Eruptiv-Gesteins (E) eine ziemliche Strecke ihren Weg gebahnt. In dem andern, rechts, ist aber eine viel größere Masse von geschmolzenem Gestein eingedrungen, so daß sie nicht nur die Gesteinsschichten B und C vollständig getrennt, sondern die Gruppe B auch noch durchbrochen hat und bis zur jetzigen Erdoberfläche aufgestiegen ist.

IV. Die Entstehung der Gebirge.

213. Man pflegt gewöhnlich von den „ewigen Bergen" zu sprechen, als ob sie seit dem ersten Anfang der Entstehung der Welt bestanden hätten. Und gewiß machen wenige Gegenstände auf der Erde solchen Eindruck von unermeßlichem Alter auf uns. So weit die Geschichte oder die Überlieferung reicht, sind die Berge ohne sichtbare Veränderung geblieben; und da sie dem Menschen immer so erschienen sind, wie sie jetzt aussehen, ist er leicht geneigt, sie für Teile des ursprünglichen Baues des Planeten zu halten.

214. Aus dem, was wir in vielen der vorhergehenden Abschnitte gelernt haben, sind wir darauf vorbereitet zu erfahren, daß, so alt die Berge unzweifelhaft sind, sie dennoch nicht zum Anfang der Dinge gehören. Es ist noch möglich, ihrem Ursprung nachzuspüren und bis auf die Vorgänge in uralten Zeiten zurückzugehen, wo es gar keine gab. Wenn man uns fragt, wie man diese

Kenntnisse erlangt, antworten wir, daß dies nur durch eine Untersuchung der Gesteine, aus denen die Berge bestehen, geschehen kann. Wir haben schon gelernt, wie die Steine ihre Geschichte erzählen. Es ist nur eine weitere Stufe desselben Studiums, wenn wir die Gesteine befragen, was sie über die Entstehung der Gebirge zu erzählen haben.

215. Bei Untersuchung einer Gebirgskette findet sich zuerst, daß sie aus Gesteinen besteht, die zu einer oder mehreren der drei großen Klassen gehören, die wir schon kennen. Die großen Massen der meisten Gebirgsketten bestehen hauptsächlich aus verschiedenen Arten von geschichteten Gesteinen, wie Sandsteine, Konglomerate, Kalksteine und andere. Wir haben aber gefunden (Abschn. 75), daß diese Gesteine unter Wasser, die meisten sogar unter dem Meere gelegen haben. Sie enthalten die Reste von Muscheln, Korallen, Seeigeln oder anderen Seetieren, und man kann diese Reste selbst in den Gesteinen der höchsten Bergesgipfel finden (Abschn. 145). Kein klarerer Beweis als dieser könnte gegeben werden, um zu zeigen, daß die Berge nicht so alt wie der Ursprung aller Dinge sind; denn diese Fossilien zeigen, daß dort, wo jetzt die Berge stehen, einst das weite Meer brauste.

216. Berge, die aus den im Meere enstandenen Gesteinen bestehen, verdanken ihren Ursprung irgend einer Kraft, die den Meeresboden zu hohem Land erheben konnte. Diese Kraft ist schon erwähnt worden (Abschn. 169—172). Als Wirkung des langsamen Erkaltens unseres Planeten hat die äußere Kruste unter der ungeheuren Spannung an manchen Stellen Rücken

gebildet; dazwischen liegen große gesunkene Räume. Die Rücken bilden Gebirgsketten, während die gesunkenen Stellen durch das Wasser des Ozeans ausgefüllt worden sind. Wenn wir eine Landkarte zur Hand nehmen, können wir über die ganze Erde die sogenannten Erhebungslinien ziehen. Als die bemerkenswerteste unter den Falten oder Erhebungen, in welche die Erdoberfläche aufgestaut worden ist, kann wohl die lange Gebirgskette gelten, die längs des ganzen Festlandes von Amerika hinläuft. Wir bemerken, daß die verschiedenen Gebirgsrücken der Felsengebirge, der Kette von Mittelamerika, der Cordilleren und Anden in einer Erhebungslinie stehen. Andere, weniger bedeutende Faltungen, z. B. die Alleghany-Gebirge, finden sich in den östlichen Teilen der Vereinigten Staaten. In Europa haben wir auch eine Erhebungslinie, die sich über das Festland erstreckt und von der Seitenjoche ausgehen. Man sieht sie in den Pyrenäen, dann in den Alpen, von wo sie sich, nachdem sie die Rücken der Apenninen nach Süden vorgeschoben hat, durch die Karpathen östlich und dann durch den Kaukasus bis zum Kaspischen Meere hinzieht. Dieselbe Linie erscheint auf der andern Seite dieses Binnenmeeres wieder und durchzieht Asien in zwei auseinanderlaufenden Linien; die eine wendet sich südöstlich und bildet den großen Himalaya, die andere läuft östlich über das große asiatische Tafelland bis zu den Küsten des Stillen Meeres. Wenn wir uns diese unermeßlichen Gebirgsketten als die Wirkungen der Abkühlung und des Zusammenziehens der Erde vergegenwärtigen, beginnen wir zu begreifen, wie ungeheuer die Kraft sein mußte, welche die festen Gesteine in viele tausend Meilen lange und viele tausend Meter hohe Gebirgsrücken falten konnte.

217. Da aber die Erde seit dem Anfange ihrer Entstehung sich abkühlte und zusammenzog, müssen wir annehmen, daß zu verschiedenen Zeiten Berge erhoben worden sind, und sie daher ein verschiedenes Alter haben. Schon eine oberflächliche Beobachtung der Gesteine genügt, um zu zeigen, daß nicht nur die Gebirge verschiedenen Alters sind, sondern daß nicht einmal ein Berg auf einmal entstanden ist, sondern ein Teil lange vor dem andern erhoben wurde.

218. Stellen wir uns z. B. vor, daß eine Reihe von Sedimentär-Gesteinen, wie die schon früher beschriebenen

Fig. 44. — Durchschnitt einer Reihe von Sedimentär-Gesteinen, die ursprünglich wagerecht im Meere abgesetzt worden sind.

Sandsteine, Konglomerate und Schieferton auf dem Meeresboden abgelagert worden sind. Diese Gesteine mögen übereinander in flachen Schichten (Fig. 44) aufgebaut sein, bis sie sich zu einer vielleicht über 1000 Meter dicken Masse angesammelt haben. So können sie eine lange Zeit ungestört liegen. Ferner wollen wir annehmen, daß sie zufällig in einem schwächeren Teil der Erdrinde liegen, der, wenn die angehäuften Wirkungen der Zusammenziehung der Erdmasse sich fühlbar machen, durch Massen, die auf beiden Seiten sinken, nach oben gedrängt wird. Durch den Druck dieser sinkenden Massen zusammengepreßt, werden natürlich die früher wagerechten Gesteine gefaltet (wie unsere Tücher auf Fig. 41, als wir sie in ähnlicher Weise preßten), und dadurch über die Höhe der sie umgebenden Teile emporgetrieben (Fig. 45). Auf diese Weise entsteht eine Gebirgskette auf der Oberfläche der Erde.

219. Ein solcher Rücken oder eine Kette, die aus Sedimentär-Gesteinen besteht (A), die einst wagerecht waren und jetzt gefaltet sind, konnte sich nicht in die Luft erheben, ohne zugleich eine Beute der verschiedenen Kräfte zu werden, die, wie wir gelernt haben (Physikal. Geographie, Abschn. 133—147), unablässig daran arbeiten, die Oberfläche der Erde zu zerstören.

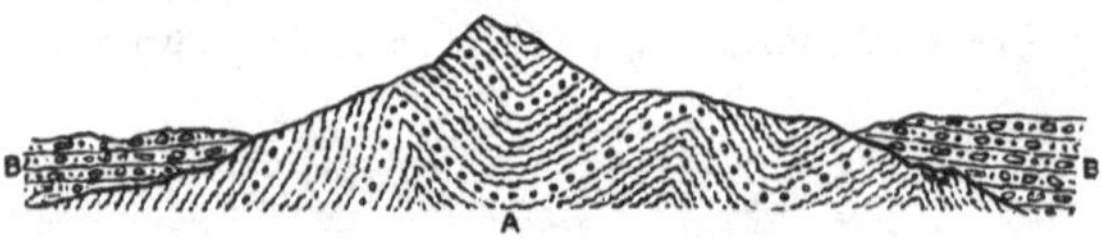

Fig. 45. — Durchschnitt eines aus gefalteten Gesteinen A bestehenden Gebirges; die Faltungen sind vor dem Niederschlag der flachen Gesteinsschichten B entstanden.

Luft, Regen, Quellen, Flüsse, Frost und die Wellen des Meeres werden sofort den neuentstandenen Berg angreifen und beginnen, seine Oberfläche zu verwüsten, von dem Augenblicke an, als sie nur über der Oberfläche des Ozeans erschienen ist. Tiefe Furchen werden mit der Zeit in seine Abhänge gehöhlt und alle zerstörten Teile in die niedrigen Gegenden geschwemmt. Dort werden diese Bruchstücke neue Ablagerungen bilden, die auf den Rändern der alten Gesteine liegen, wie man auf Fig. 45 die neueren Teile B auf den alten A liegen sieht.

220. Ein solcher Durchschnitt, wie der auf Fig. 45 dargestellte, setzt uns in den Stand, das Alter der Berge

wenigstens annähernd festzustellen. Wir können erstens fest behaupten, daß es eine Zeit gab, wo die Berge noch nicht da waren, sondern an ihrer Stelle ein Meer, in dem die Sedimentär-Gesteine A abgelagert wurden; zweitens, daß die Berge durch das Zusammenfalten dieser Gesteine entstanden, und daß dies geschah, ehe die Gesteine der Abteilung B gebildet wurden; und drittens, daß nach Bildung der mit B bezeichneten Lagen die ganze Masse wieder gehoben wurde, so daß aus diesen im Wasser liegenden Schichten trockenes Land entstand.

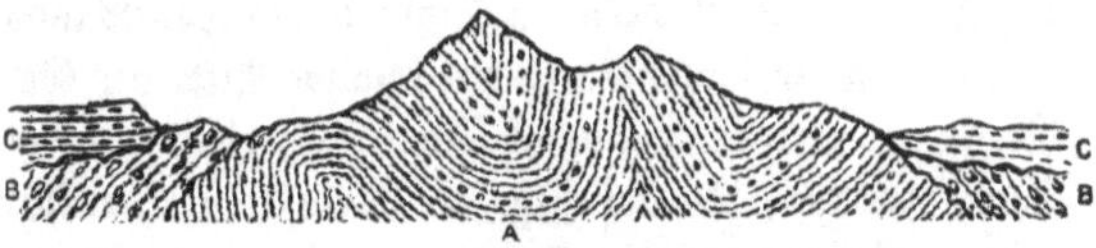

Fig. 46. — Durchschnitt eines Gebirges, dessen Gesteine A vor den Gesteinen B gehoben worden sind und letztere vor den Gesteinen C.

221. Wir wollen uns aber vorstellen, daß wir in einem Teil der Kette eine Anordnung der Gesteine entdeckten, wie solche auf Fig. 46 dargestellt ist. Hier sehen wir, wie vorhin, daß die Schichtenfolge A erhoben wurde, ehe die Schichte B sich darauf ablagern konnte. Aber in gegenwärtigem Fall sind die Schichten B gleichfalls aus ihrer gewöhnlichen wagerechten Lage gekommen. Ein solcher Berg würde also drei aufeinanderfolgende Zeiten der Erhebung aufweisen: die erste älter als die Zeit von B, die zweite älter als die Zeit von C, während die dritte nach der Entstehung von C fällt; denn in ihr erhob sich die Schichtenreihe C zu trockenem Land.

222. In dieser Weise wird das ungefähre Alter der Gebirgsketten bestimmt. Wenn wir die Sedimentär-Gesteine gefaltet, geneigt oder auf dem Kopf stehend antreffen, so wissen wir, daß sie gestört worden sind, und wenn die gebrochenen Ränder dieser gestörten Gesteine von andern bedeckt sind, so steht fest, daß die Erhebung der ersteren Gesteinsschichten früher stattgefunden hat, als der Niederschlag der zweiten.

223. Wenn wir imstande wären, dieselben Reihen von Gesteinen in verschiedenen Ländern zu erkennen: wüßten wir z. B. bestimmt, daß die Gruppen A und B auf Fig. 45 und 46 beide in England und Deutschland vorkommen, so könnten wir das relative Alter der Gebirge der beiden Länder vergleichen. Wenn in dem einen Land ein Berg die auf Fig. 46 dargestellte Struktur zeigt, und wenn in dem anderen Land ein aus denselben, ebenso aufeinanderfolgenden Gesteinen bestehender Berg in der auf Fig. 45 dargestellten Weise aufgebaut ist, so würden wir sagen, daß der erstere Berg jünger als der zweite ist, oder daß er vielmehr nach diesem gehoben wurde.

224. Im V. Kapitel wird erklärt werden, wie die Geologen dieselben Reihen von Gesteinen in den verschiedenen Ländern herausfinden: nämlich durch Hilfe der Fossilien. Durch derartige Zeugnisse wird es möglich, zu entscheiden, welche die ältesten und welche die jüngsten Gebirgsketten sind. So lernen wir z. B. auf diese Weise, daß die riesigen Alpen, die sich so hoch über die Ebenen von Europa erheben, weniger alt sind, als viele der niedrigen Gebirge Deutschlands.

225. Aber noch eine andere merkwürdige und wichtige Tatsache über die Gebirge wird durch solche Durchschnitte, wie die auf Fig. 45 und 46 dargestellten, klar gemacht. Die mit A bezeichneten Reihen von Gesteinen sind in jedem Falle der älteste Teil des Berges. Man sollte eigentlich vermuten, daß die am tiefsten unter andern Teilen begrabenen die ältesten Teile wären. Und dennoch findet man bei genauer Prüfung, daß die ältesten Teile nicht immer die sind, welche zu unterst liegen, sondern daß sie oft, wie wir schon in zwei Fällen annahmen, so gehoben worden sind, daß sie in der Tat jetzt die höchsten Gipfel und Rücken bilden. Wenn wir uns aber an die Abhänge des Berges begeben, so finden wir, daß die ältesten Gesteine wirklich unter den neueren hinziehen, wie die Reihen A auf der Zeichnung unter B.

226. Das Verwittern der Erdoberfläche ist so andauernd und allgemein, daß im Laufe der Zeit jede Gebirgskette großen und mannigfachen Veränderungen unterworfen ist. Ihre Gipfel und Abhänge werden zerstört und abgeflacht. Ihre Kämme werden in Spitzen und Zinken zerlegt, da der Regen und der Frost unaufhörlich an ihnen arbeiten. Rinnen, Schluchten und breite Täler werden durch das nie endende Strömen der Bäche und Flüsse in die Flanken eingeschnitten. Obgleich die ursprüngliche Erhebungslinie bleibt, wird doch der erhobene Teil während dieser fortwährenden Verwüstung in unzählige Rücken und Täler gespalten.

227. Die Wirkungen dieses Vorganges auf der Erdoberfläche sind so ungeheuer, daß große Tafelländer oder breite Flächen von Hochland in bloße Bergrücken und vereinzelte Hügel zerschnitten worden sind. Auf

Fig. 47 können wir beobachten, wie die Auswaschung vor sich geht. Die Zeichnung stellt einen Teil des Tafellandes in Spanien dar. Wir bemerken, daß in dem Grade, wie die Ströme beim Herabfließen größer werden, sie auch weitere und tiefere Schnitte in die Gesteine machen, wie die Schluchten sich zu Tälern erweitern,

Fig. 47. — Ansicht eines Tafellandes, das durch seine Flüsse in Schluchten und Täler gespalten worden ist.

wie das Hochland zwischen ihnen in unregelmäßige Rücken zerschnitten wird, und wie diese Rücken, die noch weiter in besondere Hügel oder Berge zerteilt werden, an Höhe verlieren, wenn Regen und Frost an ihren Gipfeln arbeiten. In jedem Teile der Erde kann man hierfür Beispiele finden. In Deutschland z. B. sind viele Berge nur noch Bruchstücke, wie die auf der Abbildung, die nach der Aushöhlung der sie umgebenden

Täler zurückgeblieben sind. Die malerischen Sandsteinsäulen und Schluchten in Sachsen, die überaus wunderlichen Felsbildungen von Adersbach und Weckelsdorf an der böhmisch-schlesischen Grenze, die großen Ghats in Indien, sowie der Tafelberg des Kaps der guten Hoffnung sind hervorragende Beispiele für diese Entstehungsart.

228. Dieselben Kräfte, welche Täler ausgehöhlt und Bergrücken dazwischen stehen gelassen haben, sind auch jetzt noch tätig. Jedes Jahr weist eine bestimmte Zerstörung auf. Und wenn wir auch beim Anblick einer Gebirgskette wissen, daß sie ursprünglich durch unterirdische Bewegungen erhoben wurde, so lernen wir nichtsdestoweniger erkennen, daß alle die bekannten Formen, die sie jetzt zeigt, nach dieser Erhebung durch dieselben Kräfte — Regen, Frost, Quellen, Gletscher usw. — hineingegraben worden sind, die noch jetzt an der Zerstörung ihrer Oberfläche arbeiten.

V. Wie die Gesteine der Kruste die Geschichte der Erde erzählen.

229. Wenn ein Geschichtsforscher es unternimmt, die Geschichte eines Landes zu schreiben, so ist seine erste Sorge, alle zerstreuten Urkunden kennen zu lernen, die vielleicht ein Licht auf die Tatsachen werfen, die er zu schildern hat. Er durchsucht genau die Papiere der Archive und Bibliotheken, sammelt aus gedruckten Büchern, was sich nur auf seinen Gegenstand bezieht, und reist auch vielleicht in fremde Länder, um gleichzeitige Schriften zu suchen, die möglicherweise manches erklären, was zu Hause dunkel und unentschieden bleibt. Nur nach

langer derartiger Arbeit kann er die Ergebnisse seiner Studien sammeln und sie zu einer fortlaufenden Erzählung verweben. Im Laufe seiner Forschungen wird er ohne Zweifel manche Zeiträume viel besser durch gleichzeitige Urkunden erläutert finden als andere, während er über einige möglicherweise kaum irgendwelche genügende Aufschlüsse wird erhalten können, da die Papiere, die ihn mit den Tatsachen bekannt gemacht hätten, im Laufe der Zeit verloren gegangen oder zerstreut worden sind. Daher ist seine Geschichte nicht immer gleichmäßig erschöpfend und zuverlässig. Es bleiben Lücken, die er selbst durch das eifrigste Forschen nicht auszufüllen vermag.

230. Was man vom Geschichtsforscher sagt, läßt sich auch auf den Geologen anwenden. Wie bereits in Abschnitt 39 angedeutet wurde und uns jetzt ganz klar sein muß, hat die Erde ebenso gut eine Geschichte, wie die darauf wohnenden Völker. Einen Geologen kann man auch Geschichtsforscher der Erde nennen. Seine große Aufgabe ist, alle Beweise zu sammeln, die von den auf der Erdoberfläche vor sich gegangenen Veränderungen Zeugnis ablegen, und sie in die Reihenfolge zu ordnen, in der die Erscheinungen verliefen, um den großen Gang der Ereignisse bis auf die Jetztzeit zu zeigen.

231. Was Papiere, Inschriften, Münzen und Bücher für den Geschichtsforscher, sind die Gesteine der Erdkruste für den Geologen. Sie enthalten alle wirklichen Beweise für seinen Gebrauch. Was er an einem Platz von ihnen sammeln kann, muß mit dem verglichen werden, was er in einer andern Gegend von ihnen findet. Er muß weit und breit umher reisen, um Tatsachen zu suchen, die

er in seiner Heimat nicht findet. Lücken werden natürlich vorkommen, die selbst jahrelanger Fleiß niemals gänzlich ausfüllen kann; denn die Gesteine sind, wie wir gesehen haben, ebenso zerstörenden Umwälzungen unterworfen, wie die Archive von Städten und Nationen. Der Geologe kann daher im besten Falle nur eine unvollkommene Geschichte zusammenstellen. Diese ist aber für uns alle vom tiefsten Interesse; denn es ist die Geschichte unserer eigenen Welt, ihrer Erdteile, Meere, Berge und Täler, Flüsse und Seen; sie erzählt von den Pflanzen- und Tierklassen, welche die Oberfläche beleben, und von dem ersten Auftreten und der Entwickelung des Menschen selbst.

232. Über die ältesten Zeiträume der Geschichte der Erde geben uns die Gesteine keinen direkten Aufschluß mehr. Aber aus den Untersuchungen, die über die Zusammensetzung der Sonne und der Sterne angestellt worden sind, geht so viel zur Genüge hervor, daß die Sonne und die Erde mit allen übrigen Himmelskörpern, die zusammen das Sonnensystem ausmachen, einst eine unermeßliche, heiße, dampfförmige Masse bildeten, und daß die Erde und die anderen Planeten, welche die Sonne umkreisen, sich einer nach dem andern von dieser Nebelmasse loslösten, wovon die Sonne jetzt den übriggebliebenen Mittelpunkt vorstellt. Als die Erde sich von der Muttersonne trennte und ein besonderer Planet wurde, muß sie eine glühendheiße Masse gewesen sein, wie es die Sonne noch ist. Erst lange nach dieser Zeit können solche Gesteine, wie wir sie jetzt finden, entstanden sein. Obgleich nun also die Gesteine weit in die Vergangenheit zurückführen, können sie uns doch nicht bis zum Anfang der Geschichte der Erde als eines selbst-

ständigen Planeten zurückbringen. Diese erste Zeit kann nur durch andere, hauptsächlich astronomische Beweise erläutert werden.

233. In den vorhergehenden Abschnitten haben wir gelernt, wie jedes Gestein uns ein Stückchen Erdgeschichte geben kann. Es gelang uns z. B., aus den Gesteinen eines einzigen Steinbruchs die Lage eines alten Meeresbodens mit einigen Resten von Seetieren, die darauf lebten, zu erschließen (Abschn. 113—116). Ferner fanden wir, daß uns ein Torfmoor in den Stand setzt, die Spuren eines längstverschwundenen Sees zu verfolgen, auf dem unsere Vorfahren in ihren eichenen Booten umherfuhren (Abschn. 129—137), und wie die Gesteine eines Kohlenlagers die Erinnerungen an endlose Wälder wachrufen, die alle einst auf der Erdoberfläche grünten, dann aber einer nach dem andern hinuntersanken und jetzt in der Tiefe begraben liegen (Abschn. 198—202).

234. Bei diesen und allen ähnlichen Erklärungen, wo jede Reihe von Gesteinen ihre eigene Geschichte erzählt, ist diese Geschichte nur ein Teil der allgemeinen Erdgeschichte. Je sorgfältiger wir jede einzelne Erzählung sammeln, desto erschöpfender wird die allgemeine Geschichte der Erde werden, die zu verfassen die Aufgabe der Geologie ist.

235. Nach dem Gesetz der Schichtung (Abschn. 107) sind die untersten Gesteinslagen die ältesten. Wir können nur eine kleine Strecke in die Erde hineindringen. Die tiefsten Schachte reichen kaum 1000 Meter in die Gesteine hinab. Wenn daher diese Gesteine noch jetzt so horizontal lägen, wie sie abgesetzt wurden, so würden wir nur imstande sein, uns mit den nächst der Oberfläche liegenden bekannt zu machen. Aber infolge der

Umwälzungen, durch welche die Gesteine gefaltet und gebrochen, sowie auf- und niedergeschoben wurden (Abschn. 204—212, 213—225), sehen wir nicht nur die obersten Reihen, sondern selbst einige der ältesten Massen. Anstatt flach zu liegen, ragen die Gesteine oft in mehr oder weniger geneigten Schichten aus der Erde, so daß wir ihre aufwärts gewendeten Ränder übersehen können, wie die Rücken von ebenso vielen Bücherreihen. (Siehe Fig. 39 und 40.) Statt also noch unter den vielleicht 1000 Meter dicken Felsmassen begraben zu sein, unter denen sie einst lagen, erheben sie sich im Gegenteil oft bis in die Gipfel hoher Gebirgsketten (Abschn. 225). Hierdurch wird dem Geologen oft die Mühe erspart, tiefe Schachte zu bohren, um die Anordnung der Gesteine irgendeiner Gegend zu untersuchen. Durch sorgfältige Anfertigung von Durchschnitten nach dem, was man an der Oberfläche beobachten kann (wie auf Fig. 45 und 46), stellt er die Reihenfolge mit Bestimmtheit fest, und wenn er das getan hat, so weiß er, welches die ältesten und welches die neuesten Teile seiner Geschichte sind.

236. Die Erdkruste besteht, soweit wir sie untersuchen können, hauptsächlich aus Sedimentär- und organischen Gesteinen. In diesen Gesteinen müssen die wichtigsten Beweisquellen für die Geschichte der Erde gesucht werden. Wenn wir sie in der Reihenfolge ihrer Entstehung aufeinander türmen könnten, würden sie eine Masse von wahrscheinlich mehr als vier Meilen Dicke bilden. Dies ist also die Bibliothek, aus der die Kenntnisse der geologischen Geschichte geschöpft werden müssen.

237. Außer der Schichtenordnung hat der Geologe noch einen andern Schlüssel für Auffindung des relativen

Alters der Gesteine. Bei dem Vergleichen der verschiedenen Reihen von Gesteinen miteinander hat er entdeckt, daß die Fossilien oder Reste von Pflanzen und Tieren der einen Reihe von denen der andern abweichen. Um zum Beispiel wieder auf Fig. 46 zu kommen, ist es erwiesen, daß, wenn in den mit A bezeichneten Gesteinsschichten Fossilien vorkommen, sie von denen in den Reihen B verschieden sind, und diese wieder von denen in C. Wenn wir, von den jetzigen Pflanzen und Tieren ausgehend, zu alten und älteren Gesteinen zurückgehen, so finden wir, daß die fossilen Pflanzen und Tiere im ganzen den jetzt lebenden sehr unähnlich sind. Jede große Abteilung oder Formation von Gesteinen hat ihre besonderen, eigentümlichen Fossilien. Wir können also diese Abteilungen, abgesehen von den aus der Reihenfolge der Übereinanderschichtung sich ergebenden Beweisen, mit Hilfe der Fossilien unterscheiden.

238. Durch diese Art der Klassifikation kann die große Masse von geschichteten Gesteinen in einige Abteilungen zerlegt werden, diese wieder in kleinere und die kleinen in noch kleinere Klassen, so daß eine neuaufgefundene Gesteinsschicht gleich ihrem bestimmten Teil der ganzen Reihen zugewiesen werden kann. Eine solche Einteilung ist zur Klarheit notwendig, in derselben Weise, wie man ein Geschichtswerk in Bände, diese in Kapitel und die Kapitel in Seiten und Zeilen einteilen muß.

239. Indem der Geologe also jeden Beweis, den die Gesteine bieten, benutzt, strebt er darnach, die verschiedenen Erzählungen der Erdgeschichte zu verweben. Er zeigt, wie Land und Meer oftmals ihre Plätze vertauscht haben, wie zu verschiedenen Zeiten in allen Teilen der

Erde Ausbrüche stattgefunden haben, wie Teile der Erde nach und nach gehoben worden sind, wie Gebirgsketten entstanden, wie Täler, Schluchten und Seen ausgehöhlt wurden und wie die Klimate sich allmählich aus tropischer Hitze in nördliche Kälte geändert haben. Er findet, daß während all dieser Umwälzungen der festen Erde gleichzeitig große Veränderungen mit den Pflanzen und Tieren, die darauf lebten, vorgegangen sind. Er kann verfolgen, wie das Leben in der fernsten Vergangenheit mit dem einfachsten Organismus begann und sich durch unermeßliche Zeiträume hindurch zu höher und höher organisierten Formen (Abschn. 117) bis zur Jetztzeit entwickelt hat. Er bemerkt, wie Gruppe auf Gruppe von Muscheln, Fischen und Reptilien entstanden ist und, nachdem die Tiere lange Zeiträume hindurch gelebt haben, sie langsam ausstarben, um neuen Arten Platz zu machen, bis gegen das Ende der Geschichte der Mensch auf dem Schauplatz erschien.

240. Die geologische Geschichte bringt daher viele Tatsachen, die wohl geeignet sind, unsere Gedanken mit der großen Vorzeit unseres Planeten zu beschäftigen und mit der wundervollen Kette von Veränderungen, durch die der gegenwärtige Stand der Dinge hervorgebracht worden ist. Wir lernen daraus, daß Berge und Täler nicht plötzlich so geworden sind, wie wir sie jetzt kennen, sondern daß sie einer Reihe von Einwirkungen ausgesetzt waren, die auch jetzt noch fortwährend sich bemerkbar machen. Wir entdecken, daß jeder Teil des Bodens unter unsern Füßen uns seine Geschichte erzählen kann, wenn wir ihn nur zu fragen verstehen. Und was das Merkwürdigste von allem ist, wir finden, daß die Arten der Pflanzen und Tiere, die

jetzt Land und Meer beleben, nicht die ersten oder ursprünglichen Arten sind, sondern daß ihnen andere vorausgingen und diesen wieder noch frühere. Wir sehen, daß es auf der Erde ebensowohl eine Geschichte von lebenden Dingen, wie von toter Masse gegeben hat. Beim Beginne dieser wunderbaren Geschichte entdecken wir bloß die Spuren von niedrigen Formen, wie die Kreidetierchen (Foraminiferen) des atlantischen Tiefseeschlammes. Schließlich treten wir dem Menschen gegenüber, dem denkenden, arbeitenden, ruhelosen Menschen, der unablässig mit den Kräften der Natur kämpft und sie nach und nach überwindet, indem er die Gesetze, die sie beherrschen, verstehen lernt.

Schluß.

241. Der Verfasser dieses Büchleins begann seine geologischen Studien als kleiner Knabe; aber nicht aus Büchern schöpfte er sie. Der Zufall, der ihn während eines Ferienausfluges einige Versteinerungen finden ließ, lenkte seine Gedanken diesen Dingen zu, die bald die Hauptbeschäftigung seiner Mußestunden bildeten. Er blickt auf diese Streifzüge, auf dieses Suchen von Steinen und Fossilien als auf die glücklichsten Stunden seines Lebens zurück, die zugleich für ihn von höchster Bedeutung geworden sind. Deshalb möchte er aus eigener, innerster Erfahrung zum Schluß einige Worte direkt an seine jungen Leser richten, die den Wettlauf des Lebens noch vor sich haben und die in diesem Wettlauf glücklich oder unglücklich sein können, je nach den Vorsätzen, mit denen sie beginnen.

242. Der Hauptzweck dieses Büchleins war weniger, trockene Namen und Tatsachen zu lehren, als zu zeigen,

wie man seine Sinne anwenden soll zur Beobachtung der Natur und sein Urteil, diese Beobachtungen zu verwerten. Die Geologie umfaßt ein so weites Feld, daß hier nur die Umrisse einiger Teile gegeben werden konnten; es wurden diejenigen Teile ausgewählt, die dem Schüler die meiste Gelegenheit geben, die Richtigkeit des Geschriebenen durch eigene Beobachtung in der alltäglichen Umgebung nachzuprüfen.

243. Es ist nicht die Absicht dieses kleinen Buches, weiter in die Geschichte der Erde einzudringen. Es hat uns bis an die Schwelle geleitet, von wo aus wir sehen können, welche Fülle von Anziehendem uns vorbehalten ist, wenn wir weiter vordringen. Wir haben manches über die wichtigsten Grundlagen, auf denen die Geschichte der Erde aufgebaut ist, gelernt. Wenn wir im Lichte geologischer Belehrung auf die gewöhnlichen Steine der Straße und die Kiesel des Strandes blicken, so haben alle eine besondere Bedeutung für uns. Es wird uns nicht mehr befriedigen, Mineralien und Gesteine bloß darum zu sammeln, weil sie niedlich anzusehende Gegenstände sind. Abgesehen von ihrer Schönheit werden wir noch zu entdecken suchen, wie sie entstanden sind und wie sie an den Ort kamen, wo man sie jetzt findet.

244. Eine Landschaft wird in unsern Augen keine ihrer Schönheiten einbüßen, wenn wir auch zu entdecken suchen, in welcher Weise die Gesteine ihrer Hügel entstanden, wie Gebirgsrücken und Täler geformt wurden, warum sich in einer Gegend Klippen erheben und in der andern sich eine weite Ebene ausbreitet. Wenn wir am Ufer eines rauschenden Stromes stehen, so wird unsere Freude an seinem Tosen und Brausen nicht dadurch verringert, daß wir an ihn als eines der mäch-

tigsten Werkzeuge der Natur denken, das Tag und Nacht geschäftig seine Kanäle und Rinnen in die Gesteine gräbt und die zerstörten Teile der Berge in die Ebene hinunter und zu den Tiefen des Ozeans trägt. Die Küsten des Meeres werden neuen Reiz für uns gewinnen, wenn wir an ihren Riffen und Höhlen die Zerstörung verfolgen und andererseits an ihren Bänken von Sand und Kiesel die Ansammlungen jener sedimentären Niederschläge, aus denen ganze Berge aufgebaut werden.

245. Jeder Steinbruch oder Hohlweg, wo die nackten Gesteine zutage liegen, übt eine gewisse Anziehungskraft aus, wenn wir dort nach den Resten von einigen der verlorenen Pflanzenformen forschen, die das Land bedeckten oder nach den lang erloschenen Tierstämmen, die das Meer belebten. Diese Fossilien werden in unseren Händen nicht zu bloßen Dingen, die man bewundert, sondern wir werden versuchen, von Freunden oder aus Büchern zu lernen, welchen Wesen in der jetzt lebenden Welt sie am meisten gleichen. Und wir werden nicht eher befriedigt sein, als bis wir soviel wie möglich von dem Licht entdeckt haben, das sie auf die frühere Beschaffenheit der Gegend werfen, in der wir sie finden.

246. So wird uns die Geologie fortan keine aus Büchern zu lernende Aufgabe, sondern eine genußbringende Begleiterin auf allen Wegen und Wanderungen sein. Auch wenn wir keine Geologen werden, soll uns doch nie die Zeit reuen, die wir auf den Versuch verwendet haben, die Grundgesetze, auf denen die geologische Wissenschaft erbaut ist, zu beherrschen und unter ihrer Führung die wunderbare Geschichte der Erde zu verfolgen.

Fragen und Aufgaben.

Einleitung.

1. Nenne einige der gewöhnlichsten Steine und die Art ihrer Verwendung.

2. Woraus sind Ziegelsteine und Mörtel gemacht?

3. Wie wird das Eisen gewonnen?

4. Woher bezieht man Kalkstein, Schiefer, Marmor und Kohle?

5. Unter welcher Art von Decke liegen die meisten Gesteine eines Landes?

6. Was ist der allgemeine Charakter der Oberfläche Deutschlands längs einer Linie von Emden über Bremen-Berlin nach Königsberg?

7. Was ist der allgemeine Charakter der Oberfläche Deutschlands längs einer Linie von Braunschweig über Erfurt, Würzburg, Stuttgart nach Freiburg i/B.?

8. Erkläre, warum ein solcher Unterschied im Charakter der beiden Teile desselben Landes besteht.

Steine oder Felsen. Ihre verschiedenen Arten. (S. 7.)

1. Zu was gebraucht man die Gesteine in der Geologie?

2. Was versteht man unter dem Grundsatz der Klassenordnung?

3. Zeige, daß die Farbe, Härte oder Weichheit für die Klassenordnung der Steine nicht genügen.

4. Beschreibe die Eigenschaften eines Stückes Sandstein.

5. Wie beschreiben wir also auf Grund dieser Eigenschaften den Sandstein?

6. Beschreibe in derselben Weise die Eigenschaften des Granites.

7. Gib eine Definition des Granites aus diesen Eigenschaften.

8. Beschreibe die Eigenschaften eines Stückes Kreide, und erkläre, wie die Untersuchung gemacht werden muß.

9. Gib eine kurze Definition der Kreide aus diesen Eigenschaften.

Was uns die Steine erzählen. (S. 17.)

1. Was ist der Nutzen der Klassifikation in der Geologie?

2. In welchem Sinn wird das Wort „Gestein“ in der Geologie gebraucht?

3. Sind die verschiedenen Arten des Gesteines aufs Geratewohl über die Oberfläche eines Landes zerstreut?

Mache die Antwort deutlich durch Bezugnahme auf die Gesteine, die sich unter dem Boden Deutschlands befinden.

4. Welche Art Geschichte wird uns durch das Gestein zugänglich gemacht? Gib einige Erläuterungen aus dem Boden Deutschlands.

5. Was ist der Gegenstand der Wissenschaft der Geologie?

Sedimentär-Gesteine.

I. Was ist Sediment? (S. 22.)

1. In welche Gruppen können die verschiedenen Arten des Gesteins eingeteilt werden?

2. Was ist Sediment?

3. Was sind Sedimentär-Gesteine?

4. Beschreibe ein Stück Konglomerat und zeige, aus welchen Stoffen es entstanden ist.

5. Aus welchen Stoffen bestehen Sandstein und Schieferton?

6. Welche beiden Fragen drängen sich uns bezüglich der Entstehung der Sedimentär-Gesteine auf?

II. Wie entstehen Kies, Sand und Schlamm? (S. 26.)

1. Welche Frage legen wir uns zuerst vor, ehe wir versuchen, die Geschichte irgendeines Gesteines herauszufinden?

2. Was ist der Unterschied zwischen Kies und Sand, und wie wird dieser Unterschied erklärt?

3. Erkläre die Herkunft des Schuttes, der die Bergabhänge bedeckt.

4. Dieser Schutt enthält gewöhnlich scharfkantige Felsenstücke, die sich beim Weiterrollen in dem Bett des Stromes mehr und mehr abschleifen. Erkläre diese Veränderung.

5. Welche Wirkung übt das Fortbewegen des Gerölles auf das Strombett aus?

6. Warum gelangt feiner Schlamm weiter in einem Strombett als grober Kies?

7. In welcher Form sind die Trümmer der Berge über die Ebenen zerstreut?

8. Was ist der Unterschied zwischen den oberen und unteren Teilen einer Felsenklippe am Meeresufer? Erkläre die Ursache dieser Verschiedenheit.

9. Was wird aus den Trümmern, die von einem Felsen am Meeresufer herabfallen?

10. Wie entstehen Kies und Sand?

11. Erkläre die Entstehung der im Wasser abgeschliffenen Flächen des Gesteins.

III. Wie Kies, Sand und Schlamm zu Sedimentär-Gesteinen werden. (S. 35.)

1. Durch was ist hauptsächlich die fortbewegende Kraft eines Stromes bedingt?

2. Wie ist das Verhältnis zwischen der Schnelligkeit eines Stromes und dem Sedimente, das auf seinem Boden abgesetzt ist?

3. In welcher Reihenfolge lagern sich die verschiedenen Gesteine des Sediments ab?

4. Welchen Schluß kann man aus dem Vorhandensein von Kies-, Sand- und Schlammbänken auf die Schnelligkeit des Stromes ziehen, in dem diese Sedimente sich abgelagert haben?

5. Wie verwerten wir unsere Kenntnis von dem Ursprung des Kieses und Schlammes zur Erklärung der Geschichte von Gesteinen wie Konglomerat und Schieferton?

6. An welcher Stelle einer Landstraße und in welcher Weise häufen sich daselbst sedimentäre Stoffe während eines Regens?

7. Wie entledigt sich der Rhonefluß des Sedimentes bei seinem Einfluß in den Genfer See?

8. Was wird aus dem Sand und Schlamm, der durch einen Strom in das Meer geschwemmt wird?

9. Erkläre die Ausdrücke „Schichtung" (Stratifikation) und „geschichtete Gesteine".

10. Warum sind die Sedimentär-Gesteine allmählich härter geworden als sie ursprünglich waren? Erkläre die Ausdrücke „Druck" und „Einsickerung" (Infiltration) mit Hinsicht auf die Entstehung dieser Gesteine.

11. Was versteht man unter Sedimentär-Gestein?

IV. Wie erklärt sich das Vorkommen von Überresten der Pflanzen und Tiere in den Sedimentär-Gesteinen? (S. 47.)

1. Was sind organische Überreste oder Fossilien?

2. Auf welche Weise werden die Überreste von Landpflanzen in den neuen Ablagerungen begraben?

3. Erkläre, auf welche Weise oft Pflanzen in Sandstein und Schieferton eingebettet wurden.

4. Erkläre das Vorhandensein und die Herkunft der Überreste von Seetieren in vielen Schiefertonen und Kalksteinen.

V. Ein Steinbruch und was er uns lehrt. (S. 53.)

1. Welche Tatsache fällt uns gewöhnlich in einem Steinbruch von geschichteten Gesteinen zuerst auf?

2. Welche von den verschiedenen Schichten eines Steinbruchs sind die ältesten? — Und warum?

3. Was versteht man unter Schichtenfolge?

4. Warum ist es wichtig, die Ordnung der Schichtenfolge zu bestimmen?

5. Was versteht man unter Wellenfurchen in einem Gestein, und welches Licht werfen sie auf seine Entstehung?

6. Was versteht man unter Regeneindrücken in einem Gestein, und was beweist ihr Vorhandensein hinsichtlich der Bedingungen, unter denen das Gestein entstand?

7. Wie kann man aus dem Vorhandensein von Fossilien bestimmen, ob ein Gestein im Süßwasser oder im Meer entstanden ist?

8. Erwähne einige Tatsachen, welche die Ausdehnung der auf dem Meeresboden entstandenen Gesteine veranschaulichen.

Organische Gesteine oder aus Pflanzen- und Tierresten gebildete Gesteine.

I. Gesteine aus Pflanzenresten. (S. 60.)

1. Erkläre den Ausdruck „Organische Überreste".

2. Beschreibe die Eigenschaften eines Stückes Kohle.

3. Erkläre, auf welche Art sich die Kohle im Gestein findet.

4. Was ist die Eigenschaft des „Liegenden“ einer Kohlenschicht?

5. Wie kann die feine Struktur der Kohle untersucht werden?

6. Woraus ist die Kohle entstanden?

7. Beschreibe ein Torfmoor.

8. Was ist Torf?

9. Welche Stadien hat die Geschichte eines Torfmoores aufzuweisen?

II. Gesteine aus Tierresten. (S. 70.)

1. Wie ist der weiße Mergel entstanden, der gewöhnlich auf dem Grunde von Seen gefunden wird?

2. Was versteht man unter Tiefseeschlamm?

3. In welchen Beziehungen gleicht die Kreide dem Tiefseeschlamm des Atlantischen Ozeans?

4. Unter welchen Bedingungen bildet sich noch gegenwärtig Kalkstein auf dem Meeresboden?

5. Was ist der Ursprung des alten Kalksteins, der die Überbleibsel von Korallen und Muscheln enthält?

6. Nenne einige Beispiele von großen Länderstrecken und Gebirgsketten, die aus solchem Kalkstein bestehen.

7. Gib eine gedrängte Übersicht über die geologischen Veränderungen, die durch die Sedimentär-Gesteine dargetan werden.

Eruptive Gesteine.

I. Was die eruptiven Gesteine sind. (S. 78.)

1. In welchem Sinn wird das Wort „eruptiv“ in der Geologie gebraucht, und was versteht man unter eruptiven Gesteinen?

2. Kommen die Eruptiv-Gesteine im Verhältnis zu den geschichteten Gesteinen häufig vor?

3. In welche Gruppen könnten die durch die Vulkane ausgeworfenen Stoffe eingeteilt werden?

4. Welches sind die Hauptunterscheidungsmerkmale dieser beiden Gruppen, und welche Namen wurden ihnen infolgedessen gegeben?

5. Nenne die Eigenschaften der Lava.

6. In welchen Formen ergießt sich die Lava aus einem Vulkan? Beschreibe einen fließenden Lavastrom.

7. Wie erklärt sich das Vorkommen der zahlreichen kleinen Löcher in der hart gewordenen Lava?

8. Nenne einige Beispiele von Lava-Gestein in den verschiedenen Teilen der Erde.

9. Wie kann das Vorhandensein früherer tätiger Vulkane in Gegenden nachgewiesen werden, wo seit Jahrtausenden keine vulkanische Tätigkeit mehr verspürt worden ist? Nimm in der Antwort auf Deutschland Bezug.

10. Wo und in welcher Weise kommt Granit vor?

11. Was sind die Eigenschaften des vulkanischen Tuffes?

12. Wie ist der vulkanische Tuff entstanden? Gib einige Beispiele von seinem Vorkommen.

II. Woher die Eruptiv-Gesteine kommen. (S. 89.)

1. Welche Tatsache wird durch tiefe Bohrlöcher und Bergwerke bezüglich der Temperatur des Erdinnern bewiesen?

2. Was beweist das Vorhandensein der heißen Quellen hinsichtlich dieses Gegenstandes?

3. Welchen Schluß können wir aus dem Vorhandensein von Vulkanen auf den Zustand des Erdinnern ziehen?

4. Beschreibe kurz die Verbreitung tätiger Vulkane über die Erdoberfläche.

5. Was sind ruhende und erloschene Vulkane?

6. In welchem Zusammenhang stehen die Erdbeben zu diesem Gegenstand?

7. Aus welchen Tatsachen schließen wir, daß die Erde gegenwärtig einen geringeren Umfang hat als früher?

8. Wie erklären wir die gegenwärtige hohe Temperatur im Erdinnern? Veranschauliche dies durch die Art und Weise, wie sich ein Lavastrom abkühlt.

Die Erdkruste.

I. Beweise, daß Teile der Kruste in die Höhe getrieben worden sind. (S. 96.)

1. Was versteht man unter Erdkruste?

2. Aus welchen Stoffen besteht die Erdkruste?

3. Durch welche Tatsachen können wir beweisen, daß die Gesteine der Erdkruste sich jetzt nicht mehr in ihrer ursprünglichen Lage befinden?

4. Beschreibe einen gehobenen Strand.

5. Welche Tatsache wird durch das Vorhandensein gehobener Meeresküsten hinsichtlich der Bewegung der Erdkruste bewiesen?

6. Warum können wir behaupten, daß bei einer Veränderung des Wasserspiegels das Land sich gehoben und gesenkt hat, und nicht das Meer?

7. Welcher Schluß kann aus dem Vorhandensein solcher Terrassen, wie die im Norden von Norwegen, gezogen werden?

8. Welches sind in einer Reihe übereinanderliegender gehobener Meeresküsten die ältesten, und warum?

9. Welche Tatsachen wurden in Schweden hinsichtlich neuerer Bewegungen der Erdkruste beobachtet?

10. Wie können wir beweisen, daß der größte Teil des trockenen Landes aus dem Meere gehoben worden ist, und daß die Erhebung sehr ungleich war?

II. Beweise, daß Teile der Erdkruste sich gesenkt haben. (S. 106.)

1. Beschreibe einen versunkenen Wald.

2. Welchen Schluß ziehen wir aus dem Vorhandensein versunkener Wälder auf die Bewegungen der Erdkruste?

3. Warum ist es schwieriger, Beweise für eine Senkung als für Erhebungen zu finden?

4. Welche Tatsachen sind über Senkungen in Grönland beobachtet worden?

5. Inwiefern deutet das Vorhandensein einer Reihe von Kohlenlagern auf frühere Senkungen des Landes?

6. Nenne die beiden Schlußfolgerungen, die sich hinsichtlich der Bewegungen der Erdkruste aus den in diesem Buche erwähnten Tatsachen ergeben.

III. Beweise, daß die Gesteine der Erdkruste erschüttert, verschoben und geknickt worden sind. (S. 112.)

1. Welche weitere Veränderung haben die Gesteine der Erdkruste außer der Erhebung und Senkung durchgemacht?

2. Warum finden wir oft Gesteine in stark geneigten Lagen, und wie können wir beweisen, daß dies nicht die ursprünglichen Lagen sind?

3. Werden feste Gesteinsschichten je gebrochen oder gefaltet?

4. Was sind Verwerfungen?

5. Wie verhalten sich oft die eruptiven Gesteine gegenüber den Verwerfungen?

IV. Die Entstehung der Gebirge. (S. 118.)

1. Aus welchen Stoffen bestehen die Gebirge?

2. Wie können wir beweisen, daß viele Gebirge ursprünglich auf der Erdoberfläche nicht vorhanden waren?

3. Was versteht man unter Erhebungslinien, und wie entstanden sie auf der Oberfläche der Erde?

4. Gib einige Beispiele solcher Erhebungslinien.

5. Nenne die Tatsache, welche ergibt, daß die verschiedenen Gebirgsketten verschiedenen Alters sind, und daß ein und derselbe Berg sich in langen Zwischenräumen allmählich aufgetürmt haben kann.

6. Warum bilden oft die ältesten Gesteine, die am tiefsten liegen sollten, die höheren Abhänge der Gebirge?

7. Welche Wirkungen werden durch den allgemeinen Verfall der Erdoberfläche auf die äußere Gestalt der Gebirge hervorgebracht?

V. Wie die Gesteine der Kruste die Geschichte der Erde erzählen. (S. 127.)

1. Was ist geologische Geschichte, oder Geschichte der Erde, und aus welcher Art von Tatsachen baut sie sich auf?

2. Warum ist die geologische Geschichte notwendigerweise unvollständig?

3. Was war, astronomischen Tatsachen zufolge, der wahrscheinliche Urzustand der Erde?

4. Wie gelangt der Geologe zur Kenntnis der ältesten und neuesten Teile der Erdgeschichte?

5. Welche ungefähre Dicke haben die sedimentären und organischen Gesteine, aus denen sich die Entstehungsgeschichte der Erde ergibt?

6. Auf welche Weise helfen die Fossilien dem Geologen in der Erforschung der Erdgeschichte?

7. Was versteht man unter geologischer Geschichte?

Verzeichnis von Gesteinsproben,

die beim Gebrauche des Elementarbuches der Geologie erforderlich sind.

Seite

Sedimentär-Gesteine:

1) Konglomerat 24
2) Sandstein 10
3) Schieferton 25
4) Schieferton mit Pflanzen-Überresten (Stück eines fossilen Farrenkrautes) 48
5) Schieferton mit Tier-Überresten (Trilobiten, ꝛc.) 51

Gesteine organischen Ursprungs:

I. Organische Gesteine aus Pflanzen-Überresten.

6) Torf 68
7) Kohle, welche die geschichtete Anordnung zeigt . 63

II. Organische Gesteine aus Tier-Überresten.

8) Süßwasser-Mergel 71
9) Tiefseeschlamm aus dem Atlantischen Ozean, für das Mikroskop präpariert 73
10) Kreide mit einer darin eingebetteten Muschel 74
11) Kreidekörner für das Mikroskop präpariert . 15
12) Kalkstein mit Enkriniten ꝛc. 76

Seite

Fossilien:

I. Pflanzen.

		Seite
13) Stigmaria oder Sigillaria	Pflanzen, aus denen Kohle entstanden ist.	65
14) Lepidodendron		

Vergleiche die Nummern 4, 6 und 7.

II. Tiere.

15) Koralle	Tiere, deren Überreste oft dicke Kalksteinschichten bilden.	58
16) Stück eines Enkrinitenstammes		
17) Spirifer, eine Seemuschel		

Vergleiche die Nummern 5, 8, 9, 10, 11 und 12.

Eruptiv-Gesteine:

18) Granit		13
19) Glimmer	Bestandteile des Granits.	13
20) Quarz		
21) Lava mit Kristallen und Dampfblasen . . .		81
22) Vulkanischer Tuff		88

Sammlungen dieser Gesteinsproben, jedes Stück in der ungefähren Größe von 10×8 Zentimeter, sind zu beziehen:

durch die Verlagshandlung oder von D. Blatz, Mineralien-Kontor in Heidelberg, zum Preise von *M* 16, inklusive Kasten.

Für Österreich:

Von Herrn Dr. Eger, Naturalien-Kontor in Wien (Mariahilferstraße Nr. 18), zum Preise von *K.* 20.

Im gleichen Verlag ist erschienen:

Geikie, A., Kurzes Lehrbuch der physikalischen Geographie. Autorisierte deutsche Ausgabe von Dr. Bruno Weigand. Mit 79 Holzschnitten und 10 Karten. 8. XII, 356 S. Geheftet M. 3.—, in Leinwand gebunden M. 3.60.

„Wir mögen dem Buche gern zugestehen, daß es eines der anregendsten Lehrbücher ist, welches wir überhaupt kennen."

Literar. Centralblatt 1881. Nr. 48.

„Geikies Darstellungskunst ist groß; er schreibt klar, gründlich und populär zugleich. Jeder Lehrer, der sich über die genannten teilweise recht schwierigen Gebiete rasch orientieren will, behufs des eigenen Unterrichts, sei es in Geographie oder Physik, kann kaum ein ratsameres Hülfsbuch zur Hand nehmen."

Prof. Kirchhoff, in der Zeitschr. f. Gymnasial-Wesen. 1881. XI.

Geikies Elementary Lessons in physical Geography, die 1878 erschienen sind, haben den Zweck, durch einfache, methodische und fesselnde Beschreibung der Erdoberfläche in die Naturwissenschaften einzuführen und so die physikalische Geographie zu einem wertvollen Erziehungsmittel zu erheben, wozu diese Wissenschaft im höchsten Maße befähigt ist. Und jedermann, der gern mit offenem Auge in die Natur hineinschaut, wird mit Freuden das Buch lesen; für die Jugend, in welcher erst für das Leben ringsher und namentlich für seine strenge und harmonische Gesetzmäßigkeit der Sinn geweckt werden soll, ist es in seiner Klarheit, Allseitigkeit strengwissenschaftlichen Begründung und doch leichten Faßlichkeit unschätzbar, und auch der Fachmann, wie der Referent gern von sich bekennt, liest dasselbe mit wirklichem Genuß und nicht ohne mannigfache Anregung.

In Deutschland ist der Sinn für die große Gesamtnatur, ihre Bewegungen und Gesetze noch keineswegs so ausgebildet, als man wünschen muß; denn nichts befreit mehr von „Philisternetzen" als dieser Sinn. Gerade deshalb sei das Buch ganz besonders empfohlen, namentlich als eine höchst anregende, pädagogisch wertvolle Lektüre für die Jugend. Keiner Schulbibliothek sollte dieses Werk fehlen, welches auch der Lehrer mit großem Nutzen gebrauchen wird. Weigands Uebersetzung ist vortrefflich; sie liest sich wie Original, da sie durchaus selbständig behandelt und überall, worauf besonders hingewiesen sei, für Standpunkt und Interesse des deutschen Lesers, eingerichtet und erweitert ist. Die Ausstattung des Buches ist vorzüglich und macht dem Trübnerschen Verlag alle Ehre; die Karten sind zum Teil sogar besser als die des Originals, weil sie korrekter in den Konturen sind; die allzu skrupulöse Umrechnung der Fahrenheit- in Celsiusgrade, wie wir sie auf den Isothermenkarten finden, wird sich späterhin leicht bequemer einrichten lassen.

Georg Gerland

in der Deutschen Litteraturzeitung 1881, Nr. 23.